MOUNTAIN

登自己的山

All This Wild Hope

战斗美少女的精神分析

[日] 斋藤环 著

Homura 译

GUANGXI NORMAL UNIVERSITY PRESS

广西师范大学出版社

·桂林·

图书在版编目(CIP)数据

战斗美少女的精神分析 / (日) 斋藤环著；Homura译.
桂林：广西师范大学出版社, 2025. 5（2025.7重印）.
ISBN 978-7-5598-7996-7

Ⅰ. B84-065；B565.59
中国国家版本馆CIP数据核字第2025CY4423号

SENTOU BISHOUJYO NO SEISHIN BUNSEKI
by Tamaki Saito
Copyright © Tamaki Saito, 2006
All rights reserved.
Original Japanese edition published by Chikumashobo Ltd.
This Simplified Chinese edition published by arrangement with
Chikumashobo Ltd., Tokyo, through BARDON CHINESE CREATIVE
AGENCY LIMITED

著作权合同登记号桂图登字：20-2024-155号

ZHANDOU MEISHAONV DE JINGSHEN FENXI
战斗美少女的精神分析

作　　者：(日) 斋藤环
责任编辑：谭宇墨凡　李　珂
封面设计：山川制本 workshop
内文制作：燕　红

广西师范大学出版社出版发行

　广西桂林市五里店路9号　邮政编码：541004
　网址：www.bbtpress.com
出 版 人：黄轩庄
全国新华书店经销
发行热线：010-64284815
北京启航东方印刷有限公司印刷
开本：880mm×1230mm　1/32
印张：10.5　　字数：202千
2025年5月第1版　2025年7月第2次印刷
定价：68.00元

如发现印装质量问题，影响阅读，请与出版社发行部门联系调换。

解说

孕育《动物化的后现代》的"姐姐"

东浩纪

　　这些年来 *，御宅和动画的状况发生了翻天覆地的变化。宫崎骏获得日本电影学院奖，村上隆掀起美术界风潮，威尼斯双年展也举办了御宅展，"萌"成为流行语，轻小说热潮席卷而来，动漫产业的动态更是频频登上经济报的头条。去年秋天，《Eureka》杂志还推出了一系列关于动画、漫画批判的特刊。如今，研究御宅和动画不再是见不得人的事。

　　然而，回到 2000 年 4 月斋藤环出版单行本《战斗美少女的精神分析》的时间点，情况却截然不同。那时的秋叶原仅是一条电器街，"软实力"这个话题尚未引起热议。关于动画和游戏的文章大多来自同行作者的现场

---

* 本书文库本出版于 2006 年。——编辑注

报道、粉丝向的设定资料，或是深刻的解读，而真正意义上的学术研究几乎无人问津。美少女游戏和轻小说还未被大众知晓，互联网也没有像现在这样成为发表评论的可选空间（尽管个人主页早在20世纪90年代就出现了，但与当今博客、社交网络盛行的状况相比，差距显而易见）。此外，1995年《新世纪福音战士》问世后的五年间，没有出现能与之相提并论的冲击，这导致了御宅在大众眼里逐渐失去了存在感。因此，从社会视角对御宅进行讨论的尝试在当时极为罕见。在此背景下，本书的出版可谓一个重大事件。在本书中，当今一线的精神科医生以严肃而内省的方式探讨了御宅的想象力。

如今的年轻读者已经很难想象当时的状况，因此我认为有必要再次强调。当今日本，社会学和亚文化分析的交汇处出现了一种"新批判"，并开始获得读者的支持。这是一种新型的言说，不同于20世纪90年代盛行的后现代主义，也不同于21世纪头十年具有现实倾向的言说，在欧美找不到对应物。这种言说空间的形成具体可以追溯到以下这些著作：笔者的《动物化的后现代》（2001）、森川嘉一郎的《趣都的诞生》（2003）、北田晓大的《可笑的日本"民族主义"》（2005）、伊藤刚的《手·冢·已·死》（2005）、稻叶振一郎的《现代的冷却》（2006），这类著作还在无数博客的包围下不断成长。拿起这本书的读者，多数可能会从"新批评"的角度回过头来阅读这本书。这并不是错误，而是弄反了。事实上，《战斗美少女的精神分析》才是为这个空间奠定基础的先驱之作。

所谓的"先驱",还意味着驳杂。本书实际上充斥着噪声和矛盾。比如,书中将战斗美少女的出现作为"癔症症状在虚构空间,即以视觉为媒介的空间中的镜像反转"进行具有普遍性的说明,但同时,却又将其置于特殊的位置,将其视为日本特有的文化现象。这两种立场相互矛盾,确实在本书中演奏出不协和音。说起来,本书从亨利·达格的作品分析到拉康派精神分析的理论,再到御宅的自白,结构上被塞得满满当当,过于驳杂,使主题变得分散。然而,这些缺点并不意味着论述不成熟,而是显示了作者的激情和生产新范式的阵痛。现在距离本书出版已有六年之久,但书中仍有许多尚未得到展开的启示和想法,读者务必亲自深入探索其中的可能性。

话说回来,撰写这篇解说的笔者自身,也受到了《战斗美少女的精神分析》出版的深远影响。

笔者于1999年与斋藤初识。尽管斋藤与笔者之间年龄相差近十岁,但作为同样穿行于现代思想和御宅之间的人,笔者立刻对他感到亲近。事实上,我们有过共同合作的经历。比如,当时斋藤和笔者都还没有写过任何以御宅本身为主题的著作。如果这种状况一直持续下去,或许笔者现在就是一个满足于用现代思想的话语来讨论动画和游戏的人,只是一个半途而废的存在,一个没落御宅的批评家(或身为没落批评家的御宅)。

然而，本书的出版为笔者提供了重新审视自己立场的绝佳机会。因为，笔者在初次阅读时就觉得整本书非常别扭（虽然会被书中的细节论证说服）。因此，笔者第一次感到非常有必要清楚阐明，为何我要思考御宅相关的问题，以及为何思考御宅问题是必要的。从这些问题出发，我撰写了前面提到的《动物化的后现代》。

　　因此，斋藤的存在对我的影响远远超过了书中明确提及的参考。比如，《动物化的后现代》这部著作尽可能避免作品阐释，相比"视觉表象"更注重消费形态，试图从社会学视角解开御宅之谜，但全部采取了与《战斗美少女的精神分析》截然相反的立场。《动物化的后现代》是一部像《战斗美少女的精神分析》的弟弟一样诞生的著作。

　　那么，当时的笔者为何会觉得《战斗美少女的精神分析》非常别扭呢？这种感觉，与以下疑问相关：在分析御宅时，性的观点在何种程度上是有效的？以及，相关的精神分析手法在多大程度上是适用的？斋藤认为御宅分析应该从性出发，但笔者持不同意见。这就是我们争论的焦点。

　　由于篇幅有限，在此无法深入探讨我们争论的内容。但是，斋藤与笔者在许多地方交换过意见，读者可以简单了解到这场争论。

　　如果读者感兴趣的话，我首先推荐《围绕〈战斗美少女的精神分析〉的网状书评》，这是在本书出版几个月后，我与斋藤、竹熊健太郎、伊藤刚、永山薰在我的网站上展开的邮件讨论。会议记录现在也在网上公开，可以简要浏览。这场激烈的讨论不仅为上述争论提供了丰富的视角，还为解读本书提供了丰富的思路，堪比一部新书。在这场讨论之后，小谷真理又推出了《网状言论F改》（2003）。

正如争论的存在所显示的，斋藤与笔者在御宅的基本理解、具体作品的评价，以及对于精神分析本身的解释上，都持有各种不同的意见。《战斗美少女的精神分析》出版后，斋藤继续积极撰写有关漫画和动画的文章，其成果见于《博士的奇妙青春期》（2003）、《解离的流行技术》（2004）、《框架依附》（2004）等评论集。斋藤的方法逐渐趋向于电影批评那样的表象分析，而笔者的关注点则转向了故事和游戏的结构关系，就这一点而言，我们采取了不同的进路。但从更广的视角来看，可以说，斋藤与笔者从1999年相识至今，一直在共同努力，为分析御宅世界提供更丰富、更多元的范式。

如果没有《战斗美少女的精神分析》这个"姐姐"的出现，那么《动物化的后现代》绝不会以现在这种形式呈现。尽管笔者对各个观点都持有异议，但一直都将斋藤（虽然我比他年轻，这样说可能有些失礼）视为推动21世纪头十年"新批评"的盟友，并相信他也有同感。我期待拿到本书这个版本的诸位之中，会涌现出新一代的批评家，继承我们的尝试。

序 言

你知道"战斗的少女"吗？

《缎带骑士》《小麻烦千惠》《风之谷》《美少女战士》……如果你是日本人，想必对她们耳熟能详。或许，你对她们中的几位格外心存眷恋。又或许，自懂事以来，你就和她们一同成长。你这么做，也一点都不奇怪！

然而，你是如何认识她们，并喜欢上她们的呢？我是指，这些在世界上独一无二的"战斗美少女"。

在日本存在一个固有的表现门类，姑且称之为"战斗少女"的谱系。它并没有停留于小众领域，而是极其广泛地渗透于媒体的各个角落。由于这些形象早已司空见惯，我们很少觉察到其特异性。对于这些身披铠甲或手持重火器的可爱少女形象，我们已经感觉不出任何异样。当然，我自己也不例外。

与美国业余画家亨利·达格作品的邂逅，让我第一次觉察到这个现象的奇妙之处。近年来，这位画家在纽约、东京举办个展，逐渐受到关注。其画中所描绘的场景非同寻常，因而十分惹人注目。

达格是作家，亦是画家。或者说，两者都不是。他制作"作品"，是为了创造一个供他自己居住的虚构世界。这样的作家能否称为"作家"？其创造物又能否称为"作品"呢？暂且不论这些问题，他的世界中，由邪恶的大人组成的军队与不满十岁的少女们展开了血腥的战争。这真是童真与残酷的奇妙杂糅。哦不，应该这么说，童真本身就是残酷的。

达格被视为一名"局外人艺术家"。所谓的"局外人艺术家"，是对如下这类人的尊称：这些人因精神疾病，或因一种突然降临的、欲罢不能的冲动，非用绘画、雕刻等手段进行表现不可。在长达六十年的时间里，达格出于一种只有他自己知道的强烈动机，一直默默地构筑他的一人世界。那里有七名少女，肩负着关乎世界存亡的重担。她们名为"薇薇安少女"，这些少女的英姿，让我强烈地感到似曾相识。没错，我曾在哪里见过这样的场景。

某杂志介绍达格的专栏为我提供了一条线索。专栏指出，为守护世界而战的数名少女，这个设定与日本漫画、动画作品《美少女战士》如出一辙。我试着重读达格的作品，发现那些少女的面孔中确实带有"动画"的影子。诚然，要说这位死于 1972 年、享年八十四岁[*]的画家与日本动画之间有什么关联，实属勉强。不如说，问题在于，将这两个完全孤立的现象联结起来的那种非连续的影响关系究竟是什么。

我所思考的并不限于这位美国局外人艺术家的作品与日本动画作品之间的这种奇妙的一致性。"少女的战斗"本身，就是一个特殊现象。当我们像这样扩大视角之后，新的问题域便浮现出来。

战斗美少女，或许是当今日本特有的流行表现门类。在日本，少女们战斗的故事不胜枚举，不只有《美少女战士》。应该说，绝大多数日本动画作品中，都会出现战斗美少女。这近乎成为一个"套路"，或许就连制作方都意识到了这个问题。现评论家兼动画制作人冈田斗司夫就是根据"最好是漂亮大姐姐前往宇宙，并出现巨型机器人"的方案，制作了 OVA[†] 作品《飞跃巅峰》，并使其大热。

然而奇妙的是，很多时候就连制作方似乎都没能充分意识到"战斗美少女"的特异性。再问一遍，为何动画女主角要亲自拿起武器，将青春献给战斗行为呢？为何她们不甘只当绿叶，或者让勇敢的男主角来守护她们呢？她们为何不等到长大成人再像男人那样战斗呢？

---

[*] 亨利·达格的生卒年应为 1892—1973，享年 81 岁，此处疑为原作者笔误。——编者注
[†] OVA，全称为 Original Video Animation，意为原创光盘动画，即通过影碟形式发行的动画剧集。（如无特殊说明，本书页下注皆为译注）

但最让我困惑的是，她们的存在居然获得了一种真实感（reality）。战斗美少女这个形象按理说完全是纯粹虚构的拼贴画，但在被渴望和消费的过程中获得了一种看似矛盾的真实感。这才是有待解决的最大谜题。

欧美的情况又如何呢？诚然，例如好莱坞的电影的确有不少"战斗女主角"。然而奇怪的是，我们几乎无法从中找到战斗少女的例子。最近几年，虽然出现一些例外，但纵观所有门类，战斗少女几乎可谓绝迹。对比日本"大规模消费"的情形，这真是令人费解。这种差异意味着什么呢？

当然，法国有圣女贞德这个历史人物。她是女王，亦是所有战斗少女的始祖。我们不能忽视这个高大的形象。不过，她至少不是作为虚构被渴望和大规模消费的对象。她首先是一位被告知是真实存在的人物。这种作为单纯史实的实在性，有时会排斥真实。我更关心的是，作为消费对象的虚构的性质差异。

话说，人们总是动不动就指出日本人的"洛丽塔情结"，都听烦了。日本女性本来就幼稚。她们喜欢为小孩设计的玩具，或者喜欢用小女孩那种异常尖锐的声音说话。在这些幼稚女性的包围下，男性也变得幼稚起来。日本人一般心理年龄偏小，他们性欲望的对象身上有不成熟、多形态倒错*的要素。所以，日本戏剧中甚至有男

---

* 多形态倒错，奥地利精神分析学家西格蒙德·弗洛伊德提出的概念，指不符合传统规范的性行为或性关系。

扮女装、女扮男装的倒错现象。另外，日本男性有强烈的性压抑，在成年女性面前会放不开手脚。他们只有面对任其摆布的对象，才能安心地投射欲望，诸如此类。那么"战斗少女"神奇在哪里呢？她们不正是日本人所喜欢的多形态倒错的象征吗？那些咯咯笑的小女孩，长着无辜的大眼睛和樱桃小嘴，穿着内衣般的铠甲，配备怪异的激光枪，几乎毫无主体性可言。这一倒错欲望的浓缩、便利汤剂，披上家庭友好的外衣，以"文化"之名行销全球。这就是"日本动画"的真面目，云云。

这类批判姑且将问题"解决"了。如此便可事不关己似的紧急呼吁："日本人啊！扔掉动画，快快长大吧！"不过，这就仿佛成了以赛亚·本—达散[*]或杨·丹曼[†]所写的说教文，即使将"日本人"替换为"御宅"，也可以在完全相同的语境中成立。也就是说，这种解释只有在把日本人和御宅看成同一样事物时才成立。事实果真如此吗？

不用说，"日本人的洛丽塔情结"这类解答是错误的。光凭印象，就把一种民族性与一定的倒错倾向联系在一起，这是很荒谬的，既不道德，也不科学。如此这般的率尔操觚，才是最应当避免的。反复伸张"日本特殊论"也是一种贫乏的行为，同样应当抛弃。假托"日本人"之名进行自我言说，这种自恋式的欺骗早就备

---

[*] 以赛亚·本—达散（Isaiah Ben-Dasan），山本七平的笔名，著有《日本人与犹太人》。
[†] 杨·丹曼（Yan Denman），斋藤十一的笔名，据说取自一名美国将校的名字。

受批判。

那么，我们应当如何探讨"战斗美少女"这个现象呢？从数量上也能看出，这个现象在日本社会占据比较主流的位置。

在第3章中，我将结合实例加以探讨，通过与日本之外的动画迷的交流，弄清楚日本以外是如何看待战斗美少女的。有人支持这样的观点，认为战斗美少女是日本独有的形象，也有人指出，这类形象在欧美也不乏其例。一般认为，其中一个原因可能是战斗美少女的性格相当模糊。但我要先明确说明一点，战斗美少女这个形象至少不是日本原创，也不是日本独有。为了避免老一套的日本特殊论，我要先特别强调这一点。

基于这个前提，一些特质便重新显现出来，也就是战斗美少女们的"人格"。在欧美圈，无论是小女孩，还是成熟女人，通常性格比男人更强，且体格健壮，肌肉发达，基本上大多是"具有女性肉体的男性"或者假小子一样的女性。其中大部分的人物造型，都明显产生于女性主义的政治土壤。

相比之下，日本的战斗美少女具有相当不同的性质。比如，《风之谷》或《美少女战士》很明显体现出一种纯洁可爱的"少女性"（虽然未必等同于"处女性"），这种"少女性"几乎以完整形态维持下来。人们的接受方式也截然不同。日本的"战斗美少女"，是为了让原本的受众，即十三四岁的少女们产生认同而制作的形象，现在却存

　　　　　　　　战斗美少女的精神分析

在一个规模可能超乎其上的消费群体，即御宅。至少，大多数男性御宅都将这些少女视为性的对象。

我们应将这种"日本式"的战斗美少女，与欧美型的"女战士"区别开来。区别时，精神分析的框架一定是有效的。

精神分析，特别是在分析性倒错时，会用到"菲勒斯母亲"（phallic mother）这个关键概念，即带有阴茎的母亲。一般来说，这个词有时也用来表现"有权威的女性"。无论如何，菲勒斯母亲象征一种全能感和完美性质。

与之相对，我决定以"菲勒斯少女"（phallic girl）这个词来称呼前面暂时称为"日本式"的战斗美少女。从达格描绘的"少女"，到动画美少女，为了突出这个谱系的特异性，我特地使用这个生造词。今后，我将使用由菲勒斯母亲与菲勒斯少女这两个谱系构成的框架来进一步加以探讨。

以下，我先简述本书后面的计划。

本书自始至终都将战斗美少女或菲勒斯少女这个表象物当作欲望对象（原因／结果）来处理。首先，本书将分析御宅共同体，这是大规模消费她们的最大共同体。接下来，本书试图粗略勾勒出亨利·达格作为御宅始祖的形象。我会简要介绍菲勒斯少女的具体实例，对照年表进行个别的确认工作。随后，议题将转向媒体论，特别是关于媒体中虚构空间的存在方式及其变化。进而，在针对性倒错展开的一些确认工作中，我将引入精神分析。通过媒体分析，我把战斗美少女的成立描绘为一个仍在进行中的生成过程，并在此基础上尝试做一些预测。

目 录

01

"御宅"的精神病理

谁是"御宅"？

从本书主题出发，就无法避免探讨"御宅"本身。既然他们是消费"战斗美少女"的最大共同体，那就别无他法。御宅平时会想些什么？他们追求什么？如何追求？什么又是"御宅的精神病理"呢？这难道不是个"伪命题"？且慢，答案不是呼之欲出了吗？

所谓的"御宅"，是指一群不成熟的人，他们攥着动画、怪兽等幼稚的过渡客体*，即使长大了也不肯放手。他们只是为了避免接触现实后受到伤害，而逃往虚构的世界。他们畏惧成熟的人际关系，尤其是性关系，只会对虚构产生情欲。用精神医学的话来说，就是"分裂气

---

* 过渡客体，英国精神分析学家唐纳德·温尼科特（Donald W. Winnicott, 1896—1971）提出的概念，指婴幼儿喜爱的毛绒玩具、毛巾等物品，主要为无生命体。

质"。以上列举了我能想到的有关御宅的刻板印象。不过，刻板印象并不一定都是错的。问题在于，刻板印象"就算是对的，也没什么意义"。或许，这类解释完全忽视了御宅这个共同体的有趣特征。

御宅这个奇妙而又独特的共同体，是现代媒体环境与日本人的青春期心性相互作用的产物。而且，据我所知，"御宅共同体"至今尚未得到充分的考察。本章中，我将站在精神科医生的立场上——有时也会脱离这个立场——试着探讨一下"御宅的精神病理"。

当然，我说"御宅的精神病理"，并不是说身为御宅本身就是一种病理现象。这是个临时称谓，用来假定某个群体所共有的特殊心性，就如同"青春期的精神病理"或"女高中生的精神病理"这类表现一样。这也是为了避免使用"心理""心理结构"等说法的权宜之计。我知道这有些难懂，换个更严谨的说法，这里所说的"精神病理"，是指"在主体之间起中介作用的事物"的意向性。也就是说，问题在于"媒体"。

我不会将御宅本身仅仅视为一种病态，相反也不会自称"御宅"（御宅不会以"御宅"自称）。我将在此基础上言说"御宅的精神病理"。这涉及另一个同等重要的问题，即御宅这个共同体是如何适应社会的？或者，有没有什么烦恼？

首先，我必须提一下言说御宅的独特困难。或许，"御宅文化"尚处于未成熟阶段（可期待其"成熟"）。正因为它尚处于生成过程中，以超越性视角加以探讨就会遭遇原理上的困难。因此，言说御宅的方法极其有限。是将自己定义为御宅，并采取彻底内在的，即不加批判的言说策略（这是冈田斗司夫的立场），还是将自己悬置起来，以厌恶和排斥的逻辑与之对抗？这两种态度看似形成对照，实则都是不同形式的自恋，而且通常只是表达对御宅的爱而已。首先要知道的是，我们言说御宅时，目前只有这两种手段可选。

我的目标是第三种途径，就是成为"'御宅'的御宅"。换言之，就是成为喜爱御宅文化本身的御宅。这或许接近冈田所标榜的立场，但他定义自己是特摄 *—模型御宅。我勉强算是特摄—怪兽迷，过去喜欢哥斯拉，现在却完全提不起兴趣（不是因为我长大了，而是因为哥斯拉倒退了）。很多美少女动画，我现在一点都不觉得"萌"。没有漫画，我或许活不下去，但我讨厌动画系作品的画风和对白，所以几乎不看。对我来说，就连宫崎骏动画，都已濒临我对"动画绘" †的容忍极限。尽管如此，我还是无法将视线从御宅的言行中移开。不知是幸还是不幸，研究生毕业后，我就置身于一个身边必有几名资深御宅的环境。仅从旁观者视角来看，他们的言行饶富趣味。能直接观察他们，我感到很开心，但不可否认，有时也

---

* 特摄，特殊摄影技术，特指用特摄技术拍摄的电影、动画、电视剧等作品，如《奥特曼》《假面骑士》等。
† 动画绘，动画中给图画上色的一种表现方式，亦指具有动画风的绘画。

会对他们的言行感到困惑。身为社会人士，他们的言行怎么看都不够成熟。不过大体上，我认为自己能和他们保持友好关系。没错，这里的"他们"当然都是精神科医生，据我所知，很少有哪个职业的御宅占比会像精神科医生这么高。1997 年《新世纪福音战士》热潮兴起之际，在我知道的一家医疗机构中，人们正如火如荼地讨论《新世纪福音战士》。题外话就不细说了。

那么，我自己到底持有怎样的立场呢？现在，我还没有找到确切的答案。本来，精神分析就是以自我分析的不可能性为前提（这就是"教育分析"的必要性之所在）。我打算就此停下毫无意义的自问自答，来谈谈自己身为一名精神科医生所看到的那个独特的共同体景观。

御宅论的演变

首先，我们必须从描述御宅开始。

不过，虽说是描述，也没那么严谨。这只是一种暂定的说法，用来说明在本书中，我们将怎样的人称为御宅。但是如果可能的话，我希望能够通过这样的描述，让御宅共同体的领域更鲜明地显现出来。

"御宅"这个如今在全世界范围内流通的词语，从各种意义上说都很特别。这个词语从命名到流通的过程已经为人熟知，让我们先来简要回顾一下。能够如此明晰地追溯流行语的源头，这本身就依赖现代媒体的特殊性。

1983 年，作家中森明夫在杂志《漫画 Burikko》的一篇文章中，挪揄地称他们（动画迷）为"御宅"，这个说法本是动画迷之间用来称呼彼此的第二人称。这个词语虽带有一种歧视性，但当初只是在亚文化行业内小范围流行。顺便一提，我最早是通过 1985 年《宝岛》杂志上作家佐藤克之的专栏知道这个词的存在。

然而，以 1989 年的幼女连环杀人事件为契机，"御宅"一词迅速普及，与此同时衍生出了一些变体，如"御宅族""阿宅"等。这样，"御宅"就从风靡一时的流行语完全进化为日常口语。

进入 20 世纪 90 年代。"御宅"一词以不断增长的国外"动画"（特指日本动画）迷为中心得到出口，在欧美甚至和"寿司""卡拉 OK"等词一样被当成"外来语"。在网上检索包含"御宅"英文词的网站，发现能检索出近七万条信息。当然，其中多数都是动画迷个人制作的网站，但不限于此。以哈佛大学、麻省理工学院等顶尖学校为首，很多大学都有动画社团，各自都创建了网站。另外，这些社团还创办了像《AM—PLUS》这样虽然受到过批评，但仍属高质量的网络杂志，"御宅"的英文词与"动画"一起，开始为更多人所知。

尽管如此普及，或者说正因为普及，"御宅"一词的轮廓仍相当模糊，现在也经常被用作"发烧友"的同义词。

另外，自"宫崎勤事件"*之后，这个词在使用中会带有一种负面形象，用来指那些"宅在家、不善社交、性格阴暗（或危险）的人"。在这一点上，让人感觉一度成为流行语的"根暗"†已被"御宅"取代。比如，媒体中曾出现过一种"宅八郎"现象，据说是由"御宅"一词的命名者中森明夫提出的。宅八郎是一名发烧友，同时他还采取一种策略，用这些负面形象夸张地包装自己。然而，似乎只有负面部分逐渐凸显出来。或许，我们可以按照不同形象，粗略地将御宅分为正面、开放的"铁道·动画系"和负面、封闭的"Radio Life电波系"‡。不过，两者之间多有交集。

那么，继续讨论之前，我们有必要先对这个难以定义的"御宅"一词的意义，进行一定程度的限定。

虽然中森提出这个术语时带有自己对动画迷特性的偏见，但他并没有试图给出明确的定义。然而，在命名之后不久，当时的漫画编辑大塚英志就指出这个词带有"歧视性"，并与之展开争论。他们以宫崎勤事件为契机达成"和解"，个中原委也耐人寻味，这里就不多说了。无论如何，可以确定的是，创造"御宅"一词实属天才之举。单单"御宅"二字，就浓缩了该现象从本质到表象的一切。它的模糊性恰恰是抽象概念多义性的结果。

---

* 宫崎勤事件，即上文提到的幼女连环杀人事件，发生于1988—1989年日本东京都埼玉县。
† 根暗，日语词，意思是性格阴暗，流行于日本20世纪70年代后期。
‡ Radio Life，意为广播生活，也是创刊于20世纪80年代的月刊杂志，通称RL。

在此意义上，这个词就很像土居健郎 * 提出的"依恋"[1]。土居健郎将其作为关键词，来理解日本人的人格结构，因而为人熟知。这些词都是日常用语，又兼具生造词的陌生化效果，虽然常常有难以定义的模糊性，却深深地烙印在了我们的表象 † 之中。因此，我当然不认为有办法能全面描述御宅。在此，我只有一个目标，就是尝试通过一些抽象和形容，让御宅形象能更清晰地呈现出来。

冈田斗司夫是如今"御宅现场"的第一人。他曾对"御宅"下过一个明快的定义，不愧为"御宅王"。我来引用一下其著作《御宅学入门》[2]中的说法：

> "御宅的定义"有如下三项：
> 定义1：拥有发达的视觉
> 定义2：拥有强大的检索能力
> 定义3：拥有孜孜不倦的进取心和自我展示欲

根据冈田的说法，"御宅"一词的发明者是庆应义塾大学幼稚舍 ‡ 出身的一名科幻迷。另外，自录像机发售以来，御宅人口急速增长。最早的时候，用"御宅"称呼初次见面的人不会显得不礼貌，但现在几乎不这么使用

---

* 土居健郎（1920—2009），日本精神科医生，著有《依恋的结构》。

† 表象，外在客体浮现于脑海中的形象，此指人们看到"御宅""依恋"这些词语时脑海中浮现出的形象。

‡ 庆应义塾大学幼稚舍，位于东京涩谷的一所私立小学，拥有一百四十年以上的悠久历史，其教育理念崇尚自由，旨在培育独立自尊的人材。

了。换句话说，现役御宅不太喜欢"御宅"这个称呼。作为解释，冈田列举了御宅的两个特征：一，"过度言及自己（并非自称）"；二，"极端厌恶被人贴标签"。

"御宅"是个跨领域的词语。就此而言，它与"发烧友"一词不同，后者只专注于单一领域。也就是说，"御宅"并不单纯只是动画迷，关心的领域横跨特摄、电影、漫画等多个领域。

而且，成为真正的御宅，必须具备"粹眼""匠眼""通眼"。[3] 不过，这些或许只是成为御宅的"充分条件"，而非"必要条件"。要我说的话，这三点已经算是成为"精英御宅"的条件了，并非所有的御宅都能满足。我在此想问的是，所有御宅都符合的"御宅的必要条件"是否存在？如果存在，那个必要条件又是什么？

这里，我想指出一个很有意思的事实：为了承认自己是"御宅"，必须先脱离御宅。冈田已经是"御宅王"了，所以他所处的位置与御宅本身有着微妙的差异。他的立场，往往看起来像是"御宅王国的代言人"，这果然是暗示了御宅圈的封闭性吗？至少，"承认自己是御宅"就会导致脱离御宅。"承认导致脱离"，这正是御宅难以定义的一个原因。冈田的著作是很有意思的现场报道，而且有很高的参考价值，这也是难能可贵的。不过遗憾的是，他没有完全踏出御宅圈。他的策略或许是故意无视御宅的病理性层面，但这通常会给人带来片面的印象。比如，对于性这个关乎御宅本质的问题，冈田没有充分论及。

战斗美少女的精神分析

不过，这一点也是很多御宅论容易忽视的侧面，不是冈田一人的问题。

在宫崎勤事件中，评论家大塚英志全面展开了御宅拥护论。在《虚拟现实批评》[4]中，他发表了耐人寻味的调查结果：

> "御宅比一般人有更多的异性朋友，而且朋友多，擅长社交。""御宅总体上很有钱，多为工程师、医生。""收入中，投资娱乐占比较高。""看电视的时间极少。""兴趣广泛。""厌恶'堕落'一词。"

当然，这个结果可能带有拥护御宅的偏颇，但其中一些结论实在出人意料，是一份相当有意思的资料。与其粗浅地定义御宅，不如像这样在现象层面上细致地勾勒其形象。很多时候，这样做似乎更有意义。

另外，一般认为男性在御宅中占绝大多数，但也有人指出，同人展（高达数十万名粉丝欢聚一堂、定期举办的"同人志展销会"，主要售卖动画、漫画同人志）的参加者中，女性约占七成。即使并不是所有女性都属于这里所说的"御宅"，也应该充分加以考虑。

精神医学领域有一种说法，认为会成为御宅的人主要是分裂气质者*。不少事例似乎符合这个结论，但这个

---

* 分裂气质者，指易患精神分裂症的人。

结论不具有普遍性。说起来，从体型上看，御宅王冈田是典型的环性人格（这类人擅长社交，待人友好，有时会出现躁郁的情绪波动，据说以体型肥胖者居多）。关于这一点，冈田本人也在公开发表的日记、文章中提到过自己的躁郁情绪。而且我个人认为，就连"宅八郎"这样的人，也不是分裂气质者。不过，题外话就不多说了。

就我所知，社会学家大泽真幸在《御宅论》[5]中的描述是最缜密的。他最大限度对御宅现象加以抽象化，得出如下结论：

> 在御宅身上，规定自我同一性的两类他者极其接近，即"超越性他者"与"内在性他者"。

他进而将这个结论转换为精神分析式的说法——"自我理想与理想自我的接近"。让我来解释一下。"超越性他者"所建立的是自我理想，即"那个想成为的自己"。它是根据社会价值观建立的自我形象，比如希望进入一所好的大学，从事一份知性的、高收入的职业等。而"内在性他者"建立的则是理想自我的维度。它指的是一种自恋式的自我形象，暂时悬置社会价值判断，觉得"做自己很棒""下辈子也要做自己"。

要说我对大泽的定义有什么不满，那就是只看"超越性他者与内在性他者极其接近的人"这一描述，以精神科医生的习惯，我会首先联想到精神病人，而非御宅。只根据这段描述来看，作者夸大了御宅精神病理的严重程度。结果，"御宅"的隐含意义和文化联想过于偏颇，而"御宅"一词，本可以涵盖从病理现象到健康嗜好的方方面面。

话虽如此，其着眼点也为我们带来了描述御宅的新视角，尤其是提示了分析性解释的一种可能性，意义重大。不过，我也有不赞同的地方。后文会提到，我们和御宅一样，都属于神经症者[6]，心理结构别无二致。因此，尽管我承认所谓的"自我理想与理想自我的接近"，作为一种比喻有其正确一面，但作为一种结构分析不得不说是错误的。进一步说，大泽的这部分表述会被理解为，比起"内在性"更赞赏"超越性"，比起"理想自我"更赞赏"自我理想"。这最终可能会强化一些老生常谈的口号，比如"御宅，快快接受现实，变得成熟一些吧！""请认清理想与现实的差距吧！"

我不会全盘接受大泽的观点，但我能否以自己的方式推翻他的观点呢？这就涉及前面提及的"是什么在主体之间起中介作用"的问题。比如，就连"成长""成熟"也可以看成是这样的一种媒介物，"理想自我"就是通过"成长"这一媒介物转换为"自我理想"并固定下来的。如果说有什么东西能将御宅与我们分隔开来，那就是这个媒介作用的差异。

若要在某种程度上客观地推翻大泽的观点，那就是御宅身上的这种媒介作用较弱这一点。由于媒介作用较弱，理想自我无法充分转换并固定为"自我理想"。因此，两者在表面上很接近。但真的是这样吗？

我不这么认为。至少，媒介作用的强弱这类过于简单的归纳，依然无法摆脱前面说的口号化。为了论述媒介作用的差异，我们有必要绕个大弯子。因此，这里就停留在了提出问题的阶段，只能先预告一下，这里对"媒介作用"的强调，会成为媒体论的伏笔。

御宅与发烧友

我知道，企图通过分类来描述人物是局限且荒谬的，但这种方式可以提炼出有关御宅的一些特征。什么样的人可以被称为御宅呢？我的描述列举如下：

- 对虚构语境亲缘性较高的人
- 会使用虚构化的手段去"占有"所爱对象的人
- 拥有双重定向乃至多重定向的人
- 能在虚构中找到性对象的人

在我依次说明各项内容之前，想先明确以下几点：首先，我在这里将保留对御宅的价值判断。虽说从御宅身上很容易看到"逃避现实""逃往虚构""缺乏一般常识"

等社会适应不良的问题，但这些都并非本质。描述中混入价值判断，只会加深混乱。如果我的描述多少是有效的，那（显然）是因为不包含价值判断。

要弄清某个类型的特征，容易理解的办法是将它与另一个近似的类型进行对比讨论。说到与御宅最近似的类型，那就是发烧友了。

御宅和发烧友是截然不同的两个类型，虽然现在似乎有人将其混为一谈。两者的差异尽管微妙，却很重要。假如御宅和发烧友是同义词，那么讨论"御宅的精神病理"就完全没有现代意义。因为，就普遍性而言，御宅不可能与发烧友相提并论。如果说发烧友是一种恋物癖，那么它的历史几乎可以追溯至人类文明的源头。

尽管两者有所重叠，但姑且还是让我们先来讨论一下两者的差异。我想先部分地展示一下我的结论：我认为，现在的御宅是一部分发烧友为了应对媒体环境变化，而形成的一种"适应辐射"*的形态。这就好比哺乳类动物在大洋洲分化为有袋类一样，发烧友也在"媒体环境"这个封闭区域内分化出了御宅。

这两个"共同体"的差异，首先从他们选择拿什么当作迷恋对象的阶段就明显表现了出来。让我来试着具体列举一下两个共同体所选对象的门类：

---

* 适应辐射，进化生物学概念，指某个类群为了适应新的生活环境而演化为多种类型的过程。

・御宅式的对象物

动画、电视游戏（以美少女游戏[7]为主）、Junior
小说[*]、声优[†]偶像、特摄、C级偶像[‡]、同人志[§]、耽美
（参考注16）、战斗美少女

・可能重叠的对象物

铁道、电脑、电影、漫画、B级偶像、科幻、
美国漫画、神秘学、Radio Life、刑侦小说[¶]、塑料模
型及其他各类模型

・发烧友式的对象物

集邮、书籍（藏书癖）、音响、摄影、天文观测、
观鸟、捕虫、各类音乐，其他各类收藏爱好

　　这是基于我个人印象的分类，而不是根据经验资料
得出的客观结论，所以会有很多例外或异见。要是有人问
我，"收藏动画人形（参见第2章注2）的是御宅，还是
发烧友"，我也很难给出一个明确的回答。但我认为，从
整体的趋势上看，这种分类方法仍有一定的正确性。以下，
我将以这个对象物分类为前提，探讨御宅与发烧友的差异。
　　在对象物中，最显著的是"虚构语境在层次上的差

---

* Junior小说，20世纪50年代到80年代发表于日本少女杂志上的小说作品，最早用例
见于杂志《女学生之友》1958年6月号。
† 声优，日语词，意为配音演员。
‡ C级偶像，日本民间流行的一种对女性偶像的分级方式，尚无统一标准。从A级偶像
到C级偶像，知名度依次递减。
§ 同人志，即同人杂志，由同好自行编辑、撰写、发行的杂志。
¶ 刑侦小说，推理小说的一个分支，故事主要以刑警、侦探对案件的搜查工作为主线展开。

异"。这里我们可以姑且认为，所谓的"虚构"，就是基于对"现实"一定程度的歪曲后抽象化的结果。当然，事实并非如此简单，但为了方便起见，我们先假定是这样。

根据这一假设，我们就可以为"虚构的程度"分级。比如，基于访谈和一手资料制作的纪录片，虚构性较弱。通过引用、戏仿等手法，"虚构"本身也可能被无限抽象化，以至于进一步虚构化。由此看来，元虚构作品 * 的虚构层次高于虚构作品。换言之，以原始信息为媒介的媒体数量越多，虚构层次就越高。我们称之为"虚构语境"的层次差异。

这里使用的"语境"† 一词，遵循了格雷戈里·贝特森 8 和爱德华·霍尔 9 的用法，也就是为某个刺激赋予意义的那些因素。值得注意的是，这里说的"虚构语境"层次越高，并不意味着虚构程度越高，两者之间不存在单纯的线性关系。关于这一点，后面会再次提及。

所谓的"发烧友"，本应指这样一群人，他们热衷于那些无法换取实际利益的事物。然而，在御宅面前，就连这些发烧友的爱好都显得很实在（也许没用，但很实在）。请大家回顾一下前面的对比，发烧友视为对象的音响、邮票、古董、捕虫等，只是为了娱乐，没什么实用价值。但是，和御宅相比，发烧友的对象物具有很强的"实

---

* 元虚构作品，强调作品自身虚构性的作品，这种类型的小说则被称为"元小说"。
† "语境"是本书中的一个核心概念，日语写作"コンテクスト"，本书中另有一个意义相近的词"文脉"，本书统一将前者译为"语境"，后者根据情况保留日语汉字"文脉"，或根据情况译为"发展脉络"。

体性"。这里说的"实体性"，单纯意味着可触摸、可计量等性质。

发烧友一般会互相竞争，比拼各自的爱好能在多大程度上转化为物质。比如，收藏家会炫耀自己庞大的收藏品数量（当然，这里面也有对"稀缺价值"的"概率判断"）；音响发烧友关心的是如何减少噪声，更原汁原味地播放音源；而昆虫发烧友则将"熟谙"稀有昆虫这项能力视为理所当然，并将身为收藏家的名誉押在自己所占有的标本上。在此，一种可谓朴素的"对物质对象的倾向"的潜规则仍然盛行。

御宅就缺乏这样一种对于"实体""实际"的情结。他们明白，自己执着追求的对象没有物质实体，所掌握的广博知识也无用于社会，或者这些无用的知识（尤其在"宫崎勤"之后）甚至会遭到轻蔑和警戒。他们明知如此，却依然如同玩游戏一般互相展示自己的狂热。"对虚构语境亲缘性较高"这个表述，大致是为了阐明这些区别而使用的。

我刚才说到了"展示狂热"，或许需要略加解释。也就是说，"御宅的狂热"要比"发烧友的狂热"更具表演性。我指的是，御宅会使用"狂热"这个编码来和其他御宅交换信息。他们虽然绝非清醒，但也不至于狂热到忘我的境地。这种"一本正经的狂热"，可能正是"对虚构语境亲缘性较高"的御宅的本质。后面也会提到，"萌"这个表述就巧妙地表现了这一点。

不过，关于这一点，或许也应该考虑到面对社会的问题。御宅迷恋的物，大体上都是"羞于启齿的"。他们很容易遭人蔑视：都老大不小了，还这么爱看动画。出于对这种蔑视的防卫，他们几乎必然地，至少在面对社会时需要找个借口，比如"我只是假装看得入迷罢了"。

上述种种，换用本雅明[10]式的比喻来说就是，发烧友迷恋于"原物"的灵韵*，而御宅则自己凭空构造出"虚构／复制品"的灵韵。

"占有"的问题

御宅的下一个特征，体现在其占有对象物的方式上。诚然，他们喜欢动画，喜欢特摄，但这些不同于邮票、音响，很难成为单纯的收集对象。而且，事实上，御宅不一定都是收藏家。比如，是不是所有的动画迷都热衷于收集赛璐珞画†呢？意外的是，并不一定。这样的御宅固然也不少，但这种收集癖并不构成"御宅的必要条件"。一方面是因为，赛璐珞不一定是动画的实体性对象物。这么说可能有些矛盾，但赛璐珞作为动画的副产物，或许应该被放在周边商品的位置上。因此，即使占有了

---

* 灵韵，本雅明在《摄影小史》《机械复制时代的艺术作品》等著作中提出的概念，用来表示艺术品的神秘性、本真性、受人膜拜等特征。

† 赛璐珞，动画制作所使用的透明片材。

动画作品的所有赛璐珞画，也并不等于占有了动画本身。那么，御宅们该如何将自己所爱的对象占为己有呢？

简单来说，就是"通过虚构化的手段"。

他们不喜欢将虚构实体化，也不像人们常说的那样，将现实与虚构混为一谈。他们的目标只是一心一意地将现存的虚构进一步升级为"只属于自己的虚构"。御宅喜欢戏仿，这并不是偶然现象。或者，角色扮演和同人志也应当首先理解为一种虚构化的手段。每一部受欢迎的动画作品背后，必有一名创作"SS"（短篇故事或外传故事）的写手。他们直接使用动画作品中的设定和登场人物，创作不同版本的小说或剧本，并上传至网上的论坛等。这种不计报酬的表现行为，是出于什么目的呢？自我展示？服务于其他粉丝？若是这样，戏仿或评论岂不是效率更高？我认为，"SS"正是御宅占有作品的一种手段。他们让自己依附于作品，用同样的素材编织出不同的故事，面向共同体发表——这一连串的过程，正是御宅共同体的"占有仪式"。

一般来说，御宅都是评论家，虽然可能没那么"资深"。所有的御宅都有一种评论冲动。在这一点上，宫崎勤也不例外。不如说，忘记评论的粉丝，看起来不会像御宅。若是御宅，必然会对作品或作家不断发表议论。而且，他们的议论不限于作品本身，甚至会涉及作品与自己的关系。御宅评论时的那种热情，又和创造新的虚构这种对占有的热情相重合。极端地说，御宅为了获得自己喜爱的对象物，只知道"将其虚构化""变为自己的作品"这类方法。

冈田斗司夫之所以能成为"御宅王"，并不是因为他的知识储备超越常人，也不是因为他提供的信息多么准确，最重要的是，他以一名业余爱好者的身份，制作了传世名作《欧尼亚米斯之翼》这部动画电影。此外，他还参与了名作 OVA《飞跃巅峰》的制作。他那灵敏的市场嗅觉基于这些真实经历，本身就是精彩的评论。御宅行业是一个将卓越的批判性与高度的创造性结合起来的稀有领域。如果他受人尊敬，那或许就是因为他拥有超常的虚构创造力。身为一名御宅，"信息准确性"的价值并不像发烧友那样被严格要求，只需做到"尽量准确"的程度就好。事实上，冈田经常会提供一些想当然的错误信息，但因其是一种独特的风格而为人们所容许。这里的情况是，即使信息有误，只要算是一个挺有意思的"梗"，就没问题。

何谓虚构？

至此，我们讨论的"虚构"还不是一个自明的概念。比如，前面提到，"虚构语境"的层次高低，不一定与虚构程度正相关。我们可以姑且假定存在如下悖论：真诚的元虚构作品比充满虚饰的自叙传更真实。然而，问题变得更加错综复杂起来。比如,所谓"充满虚饰的自叙传"中的虚饰性,可能深刻地反映了作者的真实欲望。

这等于说,没有一个定量标准可用来测定某部作品的虚构性。因此,我引入了"虚构语境"这个中立概念。正如前面提到的,这只是根据作品成立所需的媒体数量而创造的一个"架空的概念"。我特地使用"架空"一词,是因为充当媒介的媒体实际上无法计数。只有接受者有权决定何为引用,何为戏仿。如果某个引用被视为原创,那么对于这个接受者来说,"虚构语境"的层次就较低。正因为有接受者的主观介入,情况变得愈加混乱。

当然,只要不追求思考的严谨性,理解虚构就很容易。可以采取这样一种立场,认为"虚假的东西就是虚构,真实的东西就是真货"。在这个明快的论断面前,严谨地探讨虚构性不过是在绕弯子。但果真如此吗?让我们来探明真相吧。"虚假的东西"云云,不过是同义反复,固然正确,但说了等于没说。

论述之所以变得混乱,恐怕是因为中间夹杂着"真实"一词。"虚构"不是"真实"的反义词,不然"真实的虚构"这个说法就毫无意义。"虚构"的反义词应该是"现实"。那问题来了:何谓"现实"?

"现实"到底是什么呢?不经由中介的原始体验就是现实吗?然而,在奥姆真理教事件之后,这个朴素的等式已经不再成立。原始而真实的体验反而最具欺骗性。很多奥姆真理教的信徒在修行中经历了神秘体验或意识变异。这让大家明白了，"实际体验＝现实"这个等式根本就是错的。那么，我再问一遍，现实是什么？

没错，现实当然也是一种虚构。至少，我们通常使用的"现实"一词，就是名为"我们生活的日常世界"的虚构。不过，这个虚构被最广泛地共享。尽管带有附加条件，接不接受也只关乎对社会的适应程度。在此意义上，现实或可谓最有力的虚构。

回到精神分析的视角，我们甚至连"直接的现实"都无法触及。"现实"的别名就是"不可能"，至少拉康是这样认为的。让我们先来确认一下拉康的三界区分，即"实在界""象征界""想象界"这三界。这是将人类的精神领域分成不同位相。就我个人的解释而言，它重视的是体验方式。实在界就是前面说的"不可能的领域"，也是一个因不可能体验而存在的悖论领域。象征界几乎与语言系统同义，被称为"大写的他者"，位于主体外部。语言即他者，这意味着对于我们主体而言，语言系统是位于外部的、超越论的存在。我们通过自己的言说体验它的存在，但无法完全意识到这种体验本身。想象界是形象或表象的领域。它位于主体内部[11]，因而也是自恋症的领域。正是这个领域，使所谓的"意义"或"体验"成为可能。

我们体验"虚构"这件事，该如何理解呢？就像前面说过的，使所谓的"体验"成为可能的，是想象界这个领域。当我们有意识地进行"体验"时，这种"体验"

就发生在想象界的领域。在此意义上，"日常性现实"和"虚构"之间不可能有本质区别。[12]

那么，我们如何识别"日常性现实"呢？区别是否在于，象征界、实在界对"日常性现实"参与程度更高呢？假设是这样，那么"我们生活的日常世界"或许就是"最接近象征界的虚构"。如果是这样，那么御宅可能就符合"想象性虚构比象征性虚构更占优势"这个规定。

这样的描述自然是错误的，而像这样误读拉康的例子俯拾即是。其谬误就在于"相信人们能通过想象的方式把握象征界"。比如，东浩纪将现代文化状况归结为"象征界失灵"。他以流行音乐歌词的没落为例，对这个观点加以论证。[13]虽然这本身很有意思，但也根植于同样的谬误。

对于拉康的三界区分，若不假定其普遍性，就会沦为毫无意义的思辨工具。若不假定自从我们获得语言以来，永远都只可能是"神经症者"，那么精神分析就无法成立。既然我们都是神经症者，那么三界至少可以继续维持现在这种互相间的结构关系。

让我先阐明一下我的立场。今后，我将始终把论点聚焦于媒体与想象界的相互作用，而不假定象征界与实在界会发生任何变质和变样。其中，御宅可能会变成只能在想象中加以言说的存在。也就是说，我们无法假定"非御宅主体"与"御宅主体"之间具有任何结构上的差异，因为两者都是"神经症者"，就两者与象征界的关联这一点来看，是同等的。因此，前文所引大泽的观点，

　　　　　　　战斗美少女的精神分析

至此也被完全否定了。同样，我们也不可能从精神分析的视角指出"御宅共同体"的任何特异性。不如说，非要强行假定其中有什么特异性，这种行为很多情况下可以视为一种病态。我放弃从结构上言说御宅的精神病理，这或许会使我的描述始终停留于想象层面。既然我把精神分析当作首要目标，那就只能如此。

话说回来，我还没有回答前面提出的疑问："日常性现实"如何被我们体验？将"日常性现实"与虚构相区别，说到底只是想象层面的作用。具体来说，就是"体验被媒介化的程度"。只有通过"体验即被媒介化"这个意识——而非"事实"——"虚构"才得以成立。[14] 因此，对于"体验"来说，媒体的存在除了有助于形成这种"被媒介化的意识"之外，不具有别的功能。反过来说，"日常性现实"不过是在"未被媒介化的意识"下产生的体验，而这个"被媒介化—未被媒介化"的意识差异，只可能是想象性的事物。再强调一遍，对于我们神经症者而言，"日常性现实"并不具有本质上的优越性。下述临床事实也印证了这一点：对于离人症[15]（属于神经症范围内的病理）患者而言，就连日常性现实都会被体验为一种虚构。

御宅与虚构

对虚构亲缘性较高而具有御宅心性的人，不论实际上能否适应现实，可能都会潜在地对现实抱有不协调感。但这并不是什么严重的问题，顶多就是抱怨一句"现实真无聊"！至少这种不适应，照理来说不会轻易演化为逃避现实、躲入虚构世界的境况。

核心御宅面对虚构的姿态十分独特，即使是动画作品，他们也能够从多个层次上享受其乐趣。用刚才的话来说，就是能够自由切换"虚构语境"的层次。如前所述，他们把现实看成一种虚构，因此不一定会认为现实具有优越性，而这很可能被人理解为逃避现实。在此意义上，御宅虽然绝不会"将虚构与现实混为一谈"，但也不会那么看重"虚构与现实的对立"。不如说，无论是虚构还是现实，他们都能从中发现真实。

毫无疑问，御宅甚至能够从虚构的虚构性中发现多维度的真实。动画角色自不必说，从脚本、角色设计、作画导演到市场营销、评论，乃至鉴赏技巧，他们能够从虚构的方方面面发现真实，并享受其中的乐趣。这是御宅的特殊能力，若充分发展，就能拥有冈田所说的"粹眼""匠眼""通眼"三种能力。没错，御宅不仅以掌握大量信息见长，还必须拥有这种瞬间鉴定虚构水平的能力，以及切换鉴赏层次的技术。正因如此，他们并不会完全沉迷于某个单一的作品世界，而是表现出一种清醒而又狂热的姿态。

在客体层面沉迷于作品世界，这与御宅的本质无关。斯蒂芬·金拍成电影的小说《危情十日》，就描写了如此这般沉迷于作品世界的狂热书迷。她因为过于热爱某部系列小说，不能容忍这个系列以自己不满意的方式收尾，居然把小说家监禁在自己家里，威胁他写出让自己满意的结局。要是这种事真的存在，我会献给她一个"混淆虚实"的称号。御宅，则试图尽可能地与这类暴力或狂热划清界限。

当自己心爱的故事以不满意的方式收尾时，御宅会采取怎样的行动？这里恰好有个绝佳的例子。后面会详细讨论的《新世纪福音战士》这部动画，几乎仅仅因为结局就成为社会事件。在剧情进入后半部分之前，它是一部空前考究的巨型机器人动画。但问题出在最后一集。主角突然滔滔不绝地诉说内心纠葛，最终以内心救赎的实现收尾，这个结局令众多动画迷震怒。

那么，他们直接批评作者庵野秀明了吗？当然，很多人也有这种反应。但另一方面，大量粉丝开始根据自己的喜好来书写《新世纪福音战士》的故事。应该说，这才是御宅的正确反应。他们不一定把作者看成绝对权威，有时可能超越单纯作为动画迷的立场，而成为鉴赏者、评论者，乃至作者本身。这或许也是御宅的一个特征：接受者和发送者之间差距极小，界限极其模糊。没错，在此意义上，若只论御宅面对虚构的方式，那么大泽的观点是正确的。就御宅而言，理应属于超越性他者的作者，无限接近于内在性他者的位置。

多重定向

精神医学有个术语叫"双重定向"，一般认为见于统合失调症患者身上。比如，患者会一边听从医护人员的指示协助打扫病房，一边却妄想"自己是东京都知事，资产达数十兆日元"。无论是多么严重的妄想型精神分裂症患者，多数都能区分妄想的立场和患者的立场。如果把这种对于自己立场的理解称为"定向"，那么这类患者就可以说拥有双重定向。如前文所见，御宅能够自由穿行于各种虚构语境，也能轻而易举地从接受者的立场切换到创作者的立场。打比方来说，就是御宅拥有"双重"乃至"多重"定向。

鸿上尚史曾指出，御宅的对象物仅限于"可追根溯源的日本制品"。这个论断确实很有见地，但留下了一个问题，即为什么一定是日本制品。这一点，或许也可以通过御宅的多重定向来加以说明。

后面会提到，"迪士尼御宅"原则上是不存在的。其中固然涉及性的问题，但还有一个原因，就是定向难以作用于外国作品。其中有各种壁垒，比如基于迪士尼作品的古典接受方式、不同于日本的动画制作过程等；还有一个更大的壁垒，即迪士尼有实体。迪士尼的实体性，在于其历史、周边商品、严格的著作权管理，以及最具分量的迪士尼乐园。没错，迪士尼就是"现实"本身。而且，众所周知，过了青春期的男性，除非去约会，否则就没有资格进入东京迪士尼乐园。如果是典型的御宅，大概率连这个资格都没有。

别说游览整个乐园了，就连入园都很困难。面对这样一种实体性，御宅的定向只会瞬间失灵。只有一边发挥多重定向，一边谈论可以把握到整体结构的虚构时，御宅才能高度运作。现在请大家回顾一下"御宅式的对象"。和发烧友式的对象物相比，只有那些企划、制作都能一览无余的对象，才能抓住御宅的心。相反，作者面孔、制作内幕完全隐形的东京迪士尼乐园或"日常性现实"，只会让御宅的定向失灵。

御宅的精神病理

御宅的现实性不容小觑。比如刚才提到的同人展，强力支配这个空间的是御宅的逻辑，而非"日常性现实"的逻辑，但我不愿说它是"非现实"。正是在这个世界中，资深御宅所制作的同人志可能创造百万日元的收益。也就是说，在这里，创造富有魅力的虚构作品被视为最重要的能力。而且，御宅在此发挥的，只是其改变现实能力的极小部分。他们能够毫不犹豫地把现实也当成一种虚构，这无疑是他们的优势。比如，优秀的精英御宅能够结合自己的爱好改变现实，像比尔·盖茨、迈克尔·杰克逊就做到了这一点。

然而，多重定向机能虽具备灵活切换视角的优点，但超过一定界限就会变成一种病理。视角切换越精确，整个体验的框架就越是不可避免地转向虚构一侧。真实的本质具有单一性，当多个定向并置时，单一性就会减弱。或许正因如此，御宅经常诉说解离体验，而在旁人眼里，他们似乎不食人间烟火。所以，多重定向有时也难免被视为逃避现实，但或许就连逃避现实也只是个暂定的说法。

一个人缘何会成为御宅？诚然在旁人眼中，它肇始于一些不适应的体验，但一个人即使没有那种创伤，也可能成为御宅。我认为，过度沉浸于前面所说的多重定向，才是成为御宅的根本动因。那么，御宅为何如此沉浸其中呢？

我认为，这与性的问题关系非常密切。请注意，性具有虚构性或多重性。一个人对动画所描绘的女性有欲望时，虽然会感到困惑，但也会被这个事实感染。这也许就是一个决定性的分水岭。为何描绘出来的女性会成为性对象呢？

"这个不可能的对象，这位甚至无法触及的女性到底在哪方面吸引了我？"这样的疑问一直萦绕在御宅的脑中。对自身的性的一种分析性视角，虽然为我们解开了谜题，却也规定了性的虚构性和共同体性质。性在虚构的框架中解体，再被重组。也可以说，御宅只有在这种

战斗美少女的精神分析

情况下会出现癔症*。因为，御宅的"言说"是对自身的性的质问，却永远没有答案。而且，癔症者的言说必然诱导我们提出各种解释。正因如此，我现在才会用这样的方式来分析御宅。

御宅最本真的一面

正是在性生活中，御宅展现出了其作为御宅最本真的一面。也就是说，当一个人能在自己的兴趣爱好中确保全部或部分的性生活时，他就属于"御宅"。换成发烧友，情况或许会有所不同。对于自己所迷恋的对象（车、古董等），他们可能在某一时刻产生爱欲（eros），但他们的性生活（包括自慰行为在内）会通过更现实的对象来维持，比如实在的女性。无论如何，很难想象发烧友会直接通过收藏品唤起性欲。这可能和发烧友的对象物具有高度的"实体性"相关。

御宅的一个本质特征，就是对虚构语境有高度的亲缘性。"作为虚构的真实"这一充满悖论意味的感性认知，规定了他们基本欲求的方向。一个证据就是，他们喜爱战斗美少女这个极度虚构的存在，并认真地将其视为欲望对象。当然，并非只要虚构就好，也有一些例外。最

---

* 癔症，即"歇斯底里"，一种神经症，现称"分离（转换）障碍"，其内涵和外延尚未确定。

典型的例外就是前面提到的迪士尼动画。对御宅知之甚详的一位年轻朋友说，迪士尼御宅不存在。这或许并非偶然，而是从原理上就不可能存在。

御宅问题的本质必然与性相关。很难想象，迪士尼发烧友会直接把米妮、宝嘉康蒂等角色视为性欲对象。当然，迪士尼一方也在有意排除性的表现，而且排除得相当彻底，但这已经不是一种稚拙的排除——完全没有任何性暗示。不如说他们很清楚，完全没有任何性暗示反而容易产生一种掩蔽效应，变成对性的强调。

比如，看看御宅如何接受《风之谷》就能理解。他们会脱离作者的意图，解读出性的内涵来。宫崎骏虽不能说完全排斥性，但相对来说也是极其克制的，但《风之谷》似乎违背了他的意图，不断勾起御宅的性欲。

迪士尼作品又如何呢？比如，《玩具总动员》中甚至出现了公主人形偶色诱牛仔人形偶的场景。也就是说，性没有被排除。重要的是，就连这种行为也毫无破绽地彻底形式化、虚构化，使得真实的性失去介入的余地。这是一种干巴巴的性，它仅允许存在于人形偶身上，且仅允许出现在一个完全由计算机图像描绘的世界中。这样，迪士尼的创造物就能完全避免被当作性对象消费的危险。

人们会对御宅感到生理厌恶，最无法容忍的是他们的性。男性御宅免不了被打上"萝莉控"的标签，至于女性御宅，就不能无视"耽美"[16]"正太控"[17]等倒错群体。

正是因为对他们的性感到厌恶，我们的御宅观才带上了明显的偏见。

批判或否定御宅的倒错性质是容易的，只需一句"那些家伙是萝莉控、机械迷"就行了，但问题不在这里。即使他们真是"萝莉控""机械迷"，也几乎不会付诸行动。近三十年的御宅史上，只有宫崎勤是个例外。这表明，他们的嗜好与行为是相互背离的。

"萌"是近年来经常被人使用的御宅用语。以下是前面提到的那位年轻朋友教给我的知识："《美少女战士》中有个角色叫土萌萤，很受欢迎，越来越多的粉丝不再说'小萤好燃好燃'，而说成'小萤好萌好萌'。*后来，人们就开始用'萌'来表达对某个角色的迷恋。"[18]

从这个表述方式成立的语境中，我们可以窥见御宅共同体的独特内心。我意识到，"御宅的性"这个根本问题就在这里。他们甚至将自己的性变成一种"风格"。"萌"一词，就是戏谑地将"喜欢那个角色的自己"对象化，并展示给人们看。他们和自己的性也要拉开一段距离，这是为什么呢？

御宅不一定会将角色视为偶像。日本同人展销售的同人志中，有个主要门类就是对著名动画作品的角色进行戏仿，改编为色情作品。这类作品销路极好，而且御宅一般对这类作品很包容。有时也会有粉丝因过分崇拜

---

* 日语中，"燃"和"萌"读音相同。

某个角色，而声称自己无法容忍这样的同人志（参考第2章）。但奇妙的是，这类较真的粉丝，看起来不那么像御宅。不如说，真正的御宅会对他们敬而远之。身为御宅，应该会机智地将角色崇拜控制在"风格"的范围内。这种将虚实混为一谈的粉丝，在御宅共同体中被视为异类，甚至是倒错的存在。

我在本章开头提到，御宅是在现代媒体环境与青春期心性相互作用下出现的一种生存方式。没错，御宅是青春期之后才有的生存方式，不存在"儿童御宅"的说法。这不是因为小孩子爱看动画天经地义，而是因为，御宅之为御宅必须有性欲，这是第二性征出现后才会有的。如果只是老大不小了还爱看动画，这不成问题。若要找出什么问题来，首先可以举出的是，老大不小了还把动画中的少女当成性对象。那么，把动画中的少女当成性对象的行为，是否具有配得上倒错者之名的现实性呢？

这里有个总被人忽视的问题：为何御宅在现实中不是倒错者呢？据我所知，御宅在实际生活中选择的伴侣，几乎无一例外都是非常正经的异性。在我个人印象中，人们往往以为，御宅的人生巅峰就是与异性御宅伴侣结婚。因此，我认为御宅的本质特征在于，想象性的倒错倾向与日常中正常的性的背离（在此意义上，宫崎勤完全是个特殊案例）。这并不意味着，御宅一边崇拜动画女主角，一边忍受着日常中作为替代品的现实女性。在这里，他们也能够轻而易举地切换欲望定向。

在探讨御宅的欲望时，追踪性的想象形式如何变化，或许会为我们带来非常有趣的案例。不管御宅看上去的性癖如何，我们都不可以草率地视之为倒错的问题。这个问题首先应当与"虚构语境"关联起来加以探讨。不要忘了，御宅虽然喜爱某些描绘出来的角色，但同时也能够维持稳固的异性恋日常。御宅所谓的"萝莉控"，在这里反而成为性倒错的不在场证明，或者说，成为"性的虚构化"手段。那么，他们为何会选择"战斗美少女"作为其典型对象物呢？

战斗美少女形象，集合了所有的性倒错。不如说，我们很容易就能指出其中的性倒错迹象。那些形象也几乎都可以看成多形态倒错的形象。御宅总是会进一步对虚构的性加以反转、组合、歪曲，这一点同样适用于耽美爱好者。在此意义上，战斗美少女这个形象，就成了御宅式拼贴画的杰出发明。她们身为形象的普遍性，可以直接被如下事实证明：她们现已通过互联网播种至全世界，而下一代正在世界各地一同萌芽。

无论如何，御宅的性包含多重而又复杂的语境，很难与恋物癖等相提并论。而且，这可能又和菲勒斯少女的生成密切相关。重要的是，御宅们能够在想象领域中确保自己的性，并使其充分发挥作用。在这里，性倒错反而完全不成问题。因为，在想象领域中，所有人都拥有成为倒错者的权利。

关于御宅欲望的解析到此为止。这里浮现出的若干问题，将在最后一章"菲勒斯少女的生成"中展开更一般化的论述。

注释

1 土居健郎『甘えの構造』弘文堂、一九七一年。

2 岡田斗司夫『オタク学入門』太田出版、一九九六年。这里先说一下"御宅"一词的写法。冈田斗司夫为了和过去带有负面印象的"御宅"（平假名）相区别，采用其片假名的写法，现已逐渐成为主流。本书为了表达对原创者的敬意，沿用中森明夫的写法，统一写作平假名。不过，引用冈田著作的部分，以及指称国外动画迷时，则使用片假名的写法。（译者按：本书在翻译片假名的"御宅"时，加着重号以示区别。）

3 前注书。根据冈田的解说，所谓"粹眼"，是指"以自己独特的视角发现作品中的美，守护并欣赏作者成长的视角"；所谓"匠眼"，是指"对作品进行逻辑分析，看透其结构的科学家视角，同时也是洞悉偷师技法的匠人视角"；所谓"通眼"，是指"能从作品中看出作者情况、作品细节的眼光"。

4 大塚英志『仮想現実批評』新曜社、一九九二年。

5 大澤真幸『電子メディア論』新曜社、一九九五年所収。

6 在此，我们遵循拉康派精神分析的公设，将包括所谓健全者在内的、那些"在语言交流层面有障碍"的存在称为"神经症者"，而把那些经常无法与我们神经症者沟通交流的异常存在称为"精神病人"。

7 "美少女游戏"指一种角色扮演游戏。游戏中有动画绘风格的美少女主角登场，主要目标是实现与女主角的恋爱。代表作有《心跳回忆》《To Heart》等。

8 ベイトソン、G.「学習とコミュニケーションの論理的カテゴリー」『精神の生態学』下巻、佐藤良明·高橋和久訳、思索社、一九八七年。

9 ホール、エドワード·T.『文化を超えて』岩田慶治·谷泰訳、TBSブリタニカ、一九九三年。

10 ベンヤミン、W.『複製技術時代の芸術』川村二郎ほか訳、紀伊国屋書店、一九六五年。

11 为了便于理解，这里暂时设定了所谓"主体内部／外部"的区分。

严格站在精神分析的立场上，这个区分本是无效的。

12 在本书的全部论述中，若无特别说明，现实（文中不加双引号）一词就是指这个意义上的"想象性现实"或"日常性现实"。相反，当指涉精神分析意义上的现实时，即不可能体验的、唯物论领域的现实时，写作"现实"（文中加双引号），以示区别。不过，关于后者的意义，下文几乎不再有机会提及。本书将想象界与象征界的关系置于描述的中心。既然战斗美少女是神经症欲望的产物，而绝不属于精神分裂症的生成领域，那么在描述时，当然也就无法积极假设实在界的介入。之所以要加入这些说明，是因为无法否认，我提出的"现实也是一种虚构"这个论断，可能会被误解为一种像是唯幻论者或观念论者的信仰自白。

13 東浩紀『郵便的不安たち』朝日新聞社、一九九九年。准确来说，这个观点可以换成如下说法："歌词的没落"可理解为"语言的想象性作用"发生了变化或变动。过去被寄托于"语言"的想象性功能，比如通过"深度共情"，语言能够与某种共同体相联结，这类特殊功能好像确实正在消失。不仅是歌词，如过去那样成为时代象征的"流行语"也在没落，从中能发现同样的征候。但据此指出"象征界消失"，就过于武断了。我从中看到了媒体与想象界位置关系的变化，这一点留待今后有机会再行探讨。

14 "媒介"无处不在。首先是电视、电影、漫画、网络等媒体，当然还包括各种私人媒体，如电话、书信、电子邮件等。不仅如此，日常生活中的人际关系也免不了某些媒介。我们姑且把这些媒介称为"角色意识"。不用说，个体在不同的人际关系中，会扮演不同的角色。比如，当我以精神科医生身份接待病患时，这个体验就通过"医生的角色意识"被媒介化。这样一来，医患关系就蒙上了一层"虚构化"的色彩。这成了一道防火墙，避免医生的日常生活受到接待病患这一体验的过度影响。

15 "离人症"是一种精神症状，即患者感到缺乏对自己、对外界的实在感、现实感，觉得自己不再是自己，或感觉缺乏现实性，好像自己和他人、自己和景物之间隔着一层膜，因而感到痛苦，多见于神经症、抑郁症、精神分裂症等患者身上。不过，"离人症"近年来也用来指称如下体验，即另一个自己从外部看自己的身体和行为。此处用来指前者。

16 耽美，主要由女性同人志作家创作的一类戏仿作品，让动画作品中登场的美男子角色之间上演恋爱关系。其风格具有"无高潮、无妙语、无意义"的特征。成为改编对象的作品包括最早的《足球小将》，以及后来的《圣斗士星矢》《魔神坛斗士》《勇者雷登》

等等。（参考：渡辺由美子「ショタの研究」『国際おたく大学』光文社、一九九八年。）

17　与偏爱少女的萝莉控相对应，我们将喜爱在动画、漫画作品中登场的少年的这类人称为"正太控"。"正太"一词来源于漫画《铁人 28 号》中登场的主角——短裤少年金田正太郎。据说，"正太控"的正式名称是"正太郎情结"。"耽美"门类固定下来之后，"正太"日益兴盛，不仅女性御宅，甚至男性粉丝也为之疯狂。（参考：渡辺由美子「ショタの研究」前注书。）

18　关于"萌"的词源另有一说，认为出自《恐龙惑星》（NHK 节目《天才电视君》中播出的动画作品）的女主角"鹭泽萌"，很有说服力。

02

"御宅"来信

　　正如前文所强调的，我们言说御宅的精神病理时，不可忽视性的问题。欧美圈的动画迷会以自己"喜欢动画，但现实中也有真人女友"为荣，但日本的御宅不会有这么强的执念。即使获得异性伴侣是成为"御宅文化人"的必要条件，如果单单想做一名御宅，这一点也没那么重要。

　　浏览动画迷论坛时，经常看到人们讨论哪个动画角色适合用来满足性幻想。这个问题意外地重要。也就是说，为何一个人能够借助这种非现实图画最有效地产生情欲？没错，说到底，这里的关键在于效率。这与色情已然毫无关系。所谓色情，是对性保持考究的距离，并引入间接性和媒介性；而这类漫画所追求的高效性和直接性，则与色情相去甚远。我们应该问的是，作为处理性欲的对象，哪种图像能最有效地进行复制、传播、加工？

然而，光在这里絮絮叨叨地讲述我个人的印象也无济于事。还是让我再次前往现场，倾听一下御宅们的声音吧！日本以外的御宅们在谈到性时都遮遮掩掩，相比之下，还是日本的御宅能够更直率地谈论这个话题。

　　撰写本书之际，我采访了一名二十来岁的青年御宅，我们是偶然相识的。他是极其正统的美少女动画御宅，经历了从《美少女战士》铁粉向《婚纱小天使》铁粉的转变。当然，他的电脑是 Windows 系统，主页上载满了《婚纱小天使》的图像。他定期举办线下聚会，一直积极参与关于不登校*问题的发言。在他身上一点也看不到自闭的影子。没错，御宅本就不自闭。

　　通过和他的对话，我甚至感觉御宅和自己没什么两样。话虽如此，有一点无论如何我都无法理解，就是关于性的问题。他正是那种能够通过《婚纱小天使》角色产生性幻想的人。我无法理解，也难以想象这种移情何以可能。精神科医生一旦遇到不能共情的精神现象，就会立刻兴奋起来。我正是怀着无比激动的心情，尝试对他进行邮件采访。经当事人许可，现将他耐人寻味的邮件编辑、再现如下：

　　　　最近，我在 IRC[1] 上和一位迷恋水兵月的大学研究生聊到绫波丽的等身大小人形偶，一些词语久违

---

* 不登校，指儿童、学生由于各种原因拒绝上学的现象。

地从脑海深处复苏，也就是"保存用""观赏用""实用"等词语或概念。大致意思应该明白吧？据说有些资深人士，就连单个售价高达十万日元的人形偶，都会买三个。

在我迷恋水兵月的时期，觉得一件商品买双份是应该的。但是，自从我意识到《美少女战士》因商业主义而变质之后，就不再这样买了。

动画人形[2]的"实用性"？这方面您有任何问题，敬请垂询女仆[3]模式。

我从某个线上会议室了解到，比如在男性中也会有人认为，"对着单纯可爱的小 X 想象那种事，实在太下流了"。这就是所谓的否定派，在有一百多人留言的会议室中会出现一个这样的人，所以要挑出明显的否定派，那此类人占比不到 1%。剩下的大部分人可以视为容忍派或支持派。

但是，说到极端厌恶这种事的人，其厌恶的程度着实彻底得令人震惊。我来跟您讲一件有趣的事情吧！

此人是某部美少女漫画作品的铁粉，他一贯主张色情戏仿是不可理喻的犯罪行为，不仅玷污了作品中的登场人物，还伤害了作者的感情。所以，他就算去同人展，也会感到害怕，在会场中寸步难行。也就是说，如果他看到有人以自己喜爱的作品为"梗"创作、出售色情戏仿同人志，他可能会立刻失去理智，冲过去一把抓住对方大骂"你个混蛋！"。所以他就算参加同人展，也只会直接去他知道绝对可以放心的社团买东西，其余时间除了上厕所、吃东西外，就坐在自己的摊位旁，一动不动。他就是做得如此彻底。

他当然是在这个可能行使暴力的场合克制住了自己，而在线上会议室，就可以独自一人坚持主张将"色情同人志"这种下流的玩意儿统统抹杀。当然，会议室的其他成员都对他的立场颇有非议。经常有人问他："你就不能把虚构当成虚构来欣赏吗？"所以，他在那里渐渐被人孤立了。

然而有一天，他罕见地用消沉的语气留言。令人惊讶的是，他居然宣布为自己的抗争画上休止符。是什么事情让他改弦易辙的呢？

原来，契机来自一本戏仿同人志。那正是以他疯狂迷恋的漫画作品改编的，换作平时，他早已勃然大怒，把那玩意儿撕掉了。但他没法这样做，因为那本同人志居然是"作者本人"制作的。他本以为，作者看到自己的作品被不懂事的御宅画成下流的戏仿作品，应该会很受伤才是，却不料作者亲自画了那样的作品进行售卖。那一刻，他受到了足以改变人生观的剧烈冲击。

他好像一迷上某部作品，就会完全与登场人物共情，一同分享悲伤、喜悦、幸福、难过等各种情

战斗美少女的精神分析

感。要是遇上喜爱的作品，他甚至会产生一种错觉，以为登场人物拥有了灵魂，出现在他的面前。当然，这人也和普通粉丝一样，会以喜爱的漫画为"梗"，将自己的原创故事改编成小说。不过，他创作故事，毕竟是对登场人物倾注了爱，怀着由衷希望这些人物能够实现幸福的心愿。我个人是不太愿意去读这种小说的。

所以在他看来，作者本人也应该怀着那样的爱和心愿进行创作。自己的作品就如同自家孩子，要是被人改编成那样，就相当于自家孩子遭人强暴——这种行为，他岂能容忍？

然而，他所钟爱的这部作品，却被作者本人（顺带一提，是名女性）使用作者自己创造的、可爱的登场人物制作成同人志，还若无其事地在同人展上出售……正是作者本人让他醒悟，原来自己的感动全是幻想，全是错觉。他之所以会受到冲击，原因就在于此。他明白了，自己孤军奋战，誓死捍卫的那份纯洁，实则根本不存在。于是，他感到万分恐惧，如梦初醒，原来漫画终究只是由白纸和墨水创造出的幻想而已。这还真是令人啼笑皆非呢！

我以前曾就这事，询问过那位亲自制作色情戏仿同人志的作者老师本人。她回答说"漫画说穿了就是虚构"，那名粉丝指出的"表与里"只是读者对象的差异，也就是"面向孩子，还是面向大人"，而自己并没有要猥亵角色的意思。

　　不过，我觉得这类人可称得上是绝无仅有的了。一般来说，御宅都会把这位作者老师的话当成自然的前提来欣赏作品。御宅当然有疯狂迷恋某部作品，欣赏它，谈论它的一面，但同时在另一方面，好像又能保持完全清醒的状态。真正的御宅，能够百般捣鼓自己喜欢的作品，若将作品奉若神明，就会堕落为单纯的发烧友或者普通粉丝。

　　我发现，少女漫画方面也是如此，年代越早，就有越多的读者将其奉若神明。《甜甜仙子》《魔法天使》还只是相当纯粹的少女向，要对其进行戏仿就太勉强了。决定性的转折是OVA的登场。OVA《乳霜柠檬》热卖，市场才终于确立起来。此后，所有动画作品都开始带有"表"与"里"两面。

　　开场白说得太多了。接下来就让我们以此为基础，进入问题的核心吧！以欲望的目光看人形偶，人形偶的形象就会转变为符合自己欲望的形象。拿绫波丽来说，就是会沉浸在与专属于自己的、甜美的绫波丽的交欢之中。

　　我自己也有相关的经验。我的对象是六分之一[4]的花咲桃子 *。这是1996年前后开始流行的、像珍妮[5]那样的洋娃娃[6]式人形偶，说真的，完成度远比手办[7]

---

* 关咲桃子，动画《婚纱小天使》的主角。

要来得低。不过，由于具备足以认出桃子角色的部分，还是可以用的。

第一，这实现了我与角色互相接触的夙愿，而通过阴极射线管*绝对办不到。你懂的。好像以前真有人隔着阴极射线管和角色接吻（笑）。

第二，可以在头脑中塑造自己喜爱的桃子形象。这时，人形偶的形象本身似乎失去了实体。欲望最强烈的时候，我会沉浸在一种错觉之中，仿佛桃子抚摸着我的头发，呢喃道"我只爱你一个人"，对我做着人形偶绝不会做的事。那一刻，作为主人的我化身"全能之神"，支配着这个角色的全部。所以，与其说直接用人形偶的形象，不如说只有加入自己的剧本和戏码才行。

在此，我想引用一首诗（原发布于我的个人网站上），供您参考。在这首诗中，我思索了自己和六分之一桃子之间的关系。

领悟

我为何爱着你？／那是一个，由你决定的命运。只要你需要我，我就一直盲目地爱着你。／当你不需要我时，我就绝不会出现在你面前。／我被赋予的自由，仅限于你意志的范围。／我会变成你期望我

---

* 阴极射线管，即 CRT 显示器，作为一种显示技术曾广泛应用于电视、电脑，后逐渐被液晶显示器（LCD）全面取代，但是在一些对色彩还原要求较高的领域，CRT 技术仍发挥着重要作用。

成为的样子。/ 一切随你所愿。/ 你是全能之神。/
因为，我就在你心里。

这样的行为和文章，表面上看可能令人生厌，
感觉很"变态"。但是，很多御宅能够客观地看待沉
迷于虚构的自己，而且把它当成一个"梗"来玩，
就连讨人厌的事情都可以当成"梗"！当然，必须
在合法范围内。

有一次，我参加某个网上动画相关论坛的线下
聚会，和十几名男性御宅成群结队，走在新宿街头。
那时，我们碰巧经过歌舞伎町，一名风俗店的皮条
客走到跟前，说："店里有可爱的姑娘哦！"我们中
有个常客回了一句："我觉得还是水兵月更可爱！"
皮条客就乖乖离去了。见此情此景，大家都乐开了花。

"一般人谁会迷到这种地步！"这种来自内部和
外部的声音，触及了我们敏感的神经。我们会回应
这种声音，然后继续我行我素，就这样循环往复。

据我所知，御宅实际的性生活即使说不上非常
健全，至少也是很普通的。也就是说，御宅的性欲
健全而平庸，看不出和常人有什么差异。宅男宅女
之间交往的情况也不算罕见。男性到了能挣钱的年
纪，就会有相应的社会地位，自然而然就会和普通
女性结婚。我不太清楚，是否真的像大塚英志老师
所说的那样，御宅的异性朋友比一般人多，但我认为，

至少御宅和性倒错之间一般没有任何关系。

比如，即使同人志中有性倒错方面的内容，也只是"以御宅的立场为预设"，或许可以说，这只不过是为了以御宅的身份去欣赏作品和角色，而将一般人认为的性倒错类型用作雏形。不过，也有一部分参加同人展的人是"以变态的立场为预设"，必须区别对待。以极少数人的行为来理解御宅整体，显然会带来诸多麻烦。

如果女性有御宅那样的嗜好，即"女御宅"，那她们一般是很受欢迎的。结婚后发现妻子是御宅的话，别提有多令人羡慕了。西村知美*之所以在御宅中受欢迎，一方面或许是因为她很可爱，但如果去掉她本身非常宅这个条件，能拥有如此高的受欢迎度是很难想象的。在以创作者身份活跃的人里面，也有很多御宅伴侣。冈田斗司夫的妻子是GAINAX†的职员，宅度也很高。另外，有名的例子还有唐泽俊一‡和唐泽景子§夫妇、以怪兽画出名的开田夫妇¶、赤井孝美（《美少女梦工厂》系列的导演）和樋口纪美子（漫画家）等。不过，宅男宅女亲缘性高也是自然的事情。

---

* 西村知美，日本的女演员、歌手和电视主持人。她在20世纪八九十年代活跃于日本娱乐圈，以其可爱的形象和多才多艺而受到欢迎。
† GAINAX，日本动画制作公司，成立于1984年，代表作有《新世纪福音战士》。
‡ 唐泽俊一，剧作家、评论家，曾担任日本御宅大赛评委，与冈田斗司夫等人有亲密往来。
§ 唐泽景子，漫画家，在贷本惊悚漫画领域造诣颇深。
¶ 开田夫妇，指"怪兽绘师"开田裕治及其妻子小说家开田绫。

不过今后，仅仅做一名御宅已不再能称得上理想，今后更重要的是"学会角色扮演，并钻研其中门道"。

想必您也知道，近年来，角色扮演的需求日益扩大，看看《JAMARU》*等动画、游戏领域的投稿杂志就会发现，以前都是"希望能和喜欢某某角色的同好交个笔友"，最近却出现了非常多征集角色扮演同好的投稿，比如"一起来扮演某某角色吧！"

还有值得注意的是，动画系角色扮演风俗在一些地方很是流行。比如：圣 COSPLAY 学园、COSman、WEDDING BELL。圣 COSPLAY 学园被称为"涩谷之最"，已经相当有名。在来店者中，似乎也有只想和女孩聊完天就回家的顾客。大概是注意到了这一点，后来开店的 COSman 甚至设置了"5000 日元仅聊天套餐"。

我自己大约去过四次圣 COSPLAY 学园。前阵子去的时候，我选了店里最长的"45 分钟套餐"，找到了中意的女孩，也只是聊聊天就回去了。要说亲密行为，最多只是临行前的一个美式拥抱。

若是一般男性，也许会感叹"去一次就花了一万，太亏了"，但我觉得这钱花得值。在那家店里，像我这样的顾客反而是很"普通"的。

---

* 《JAMARU》，日本月刊杂志，发行于 1995—2000 年。

能和角色扮演的可爱女孩（当然也具备动画、游戏方面的知识）聊天，光是这项服务就已经逐渐在市中心确立起市场。有些店似乎只要按一般顾客的要求角色扮演就行，但我每次在那家店聊天的女孩都是真正的御宅，这一点从对话中就可以推测出。"你最近玩过什么游戏没？""《镭射风暴》，还有《电GO！》吧。""我还是比较喜欢《镭射力量》呢。"《镭射力量》是《镭射风暴》的前身。我认为，这两款游戏只有太东迷或资深玩家才会知道。

御宅在现实中的女性身上追寻着怎样的理想呢？这个问题的答案在相当程度上反映在了圣COSPLAY学园的"在籍女孩数据"之中。顺带一提，光看数据便可知，那家店的女孩子都是平胸，生意却很火爆。这很能说明问题吧！

就我个人的理想来说，还是希望对象会角色扮演桃子。如果有一天她真的能出角色扮演，陪我一起逛同人展，那就棒呆了。（顺便一提，投稿杂志上也经常见人说"募集女性同伴一起逛同人展"。）

现实中的女性，要是只有十岁出头，就完全不考虑了。我现在二十岁出头，二十五岁左右的女性就很理想，因为她们比十多岁那会儿"成熟"，又还比较年轻。（或许是因为我恰好处在喜欢年龄比自己稍大一些的女性的年纪。）

同理，爱看少女动画的粉丝也不会袭击现实中的少女。我想，这方面的感觉和一般人大差不差。

说到最近的热潮，没法不提正太。可以说，空前的正太热潮已经到来。有意思的是，以《四驱兄弟：疾速奔跑！》《YAT安心！宇宙旅行》《勇者王》为题材的一系列正太热潮，甚至将很多男性御宅也卷入其中。我自己也曾被男性御宅朋友带去涩谷的日本广播协会摄影棚公园，观看只有在那里才能看到的电影《YAT》。

另外，说到美少女系，我发现头身比也是逐年下降。在《美少女战士》爆红的1992年和1993年，除了头身比极低的《小红帽恰恰》之外，多数作品都是六头身及以上。但最近几年给人的印象是，相比于少女，御宅似乎更喜欢头身比偏低、保留着幼稚面容的女孩，看看《机动战舰》中的琉璃，或《秋叶原电脑组》中的主角就会知道。《玲音》中的同名主角也是如此，虽说是中学生，却长着一张非常幼态的脸。还有之前提到的绫波丽，喜欢其幼态版的御宅也不在少数。

第二性征发育前的孩子，都是作为儿童向动画角色描绘的，强调其清纯可爱的特征，因而成为萌的对象。反过来说，现实中的儿童本性中或多或少都有着残酷的一面，但往往都被过滤掉了。比如，大家都很难想象《四驱兄弟》中的小烈和小豪玩弄小虫子的模样吧。所以，正太控不一定连现实中的

　　　　　　　战斗美少女的精神分析

孩子都喜欢，能否将其当成性对象，就更要打上个大大的问号了。可以断言，现实中几乎没有哪个御宅少女会真的"想要拐走少年"。假如真有，那应该早就成为某种形式的社会问题了。即使是正太，对御宅来说也只是一个"萌"的符号罢了，不能简单地和现实画等号。

此外，近年来色情戏仿的倾向，基本是沿袭原剧情的故事，没有形成特别引人瞩目的热潮。不过，也有极少数的"异色之作"，这类作品与其说是面向一部分御宅受众，不如说只是面向部分特殊受众而创作的。

拥有众多粉丝的一部分兽人系，似乎是从萝莉系同人志衍生出的类型，据说近年来也波及正太系。简单来说，兽人系根植于这样的构想：如果为可爱的小孩装上猫耳和尾巴，会变得更可爱。萝莉本身是个经典门类，因此可以推测它在很久以前就有了，但据我所知，现有的少女动画角色的同人志很少包含兽人元素。我认为，这个门类多见于原创系，但我对原创系了解不多，不太清楚它是从什么时候开始流行的。

接下来，说到和这个相关的话题，就不能忽视《宝可梦》中的皮卡丘这个角色。前段时间，不还有女性因为搞皮卡丘的色情戏仿被抓进去了吗？皮卡丘可受欢迎了！甚至有人角色扮演皮卡丘。《美少女战士》方面,也有同人志描绘了"露娜 vs 亚提密斯",也就是猫猫之间的交配。不过,这或许应该看成单纯的戏仿。

在我参加的一个网站中,有一名女性,她喜欢《新世纪福音战士》和《名侦探柯南》,特别喜欢《心跳回忆》。这样的女性很罕见。在网上聊天时,她发给我大量萝莉图。我对这些图像感到不适,但同时又十分惊讶她对此的痴迷。

她好像是因为我说自己喜欢桃子,所以才发给我看的,以为能得到共鸣,但我只是喜欢动画里的少女,不会对现实中的少女动心。她却一看到幼儿园小孩,好像会"想去抢"的样子。顺便一提,她似乎没参加过同人展,这或许可以算是徘徊在御宅边界上的一个例子吧?

我曾与这位青年御宅交换过几次意见,所以不能否认他的这些见解可能会微妙地和我相近。但无论如何,我们都不能忽视如下事实,即御宅的特征包括"对虚构的情欲""作为虚构的倒错""健全的性生活",它们之间互不干涉。御宅的特性反映在性这个根源性的事物上,尤其是在面对其中的想象性成分时,体现得最为明显。他们可以说是主动活在解离之中。这凸显了战斗美少女与"解离,或者被媒介化的性"之间的生成关系。关于这个问题,我将在最后一章详加探讨。

注释

1 IRC，Internet Relay Chat（互联网中继聊天）的简称，是指一种网络实时会议系统，1988 年开发于芬兰，1990 年日本也开始利用。通过这个系统，人们能够在网上实现多人实时交谈（聊天）。电脑用户连上这个系统，选好频道，就能参与讨论和自己兴趣相关的话题。

2 "动画人形"指各种各样的角色人形偶，特指那些用塑料制作的展示模型。关节可动者称为"可动人形偶"。现在，该词多指人气动画角色的立体化模型。20 世纪 80 年代初，动画作品《机动战士高达》《福星小子》主要角色的塑料模型开始发售，越来越多的粉丝开始在这些产品的基础上进行改造。一般认为，当今的人形偶热潮即由此发展而来。本文中提到的绫波丽等比人形偶，是根据动画作品《新世纪福音战士》人气角色制成的等身立体模型，尽管售价高达 28 万日元，还是一眨眼就售罄，人气火爆。近年来，《再生侠》等漫画作品以及《星球大战》《星际迷航》等热门电影的角色人形偶，以涂装完成的成品形式，装在吸塑包装中发售，很受欢迎，推动了人形偶热潮的迅速发展。

3 近年来，动画、游戏作品中登场的美少女类型日益多样化，粉丝偏好也明显开始地被划分为不同类型。"女仆"就是其中一种类型，主要以游戏《壳中的小鸟》《快餐店之恋》等作品中登场的角色为代表。

4 "六分之一"是人形偶的缩尺比，指"人形偶"大小是"实物"大小的六分之一。

5 "珍妮"是 TAKARA 公司获美泰公司授权而出售的日本制芭比。1986 年，在美泰公司的授权到期之后，同款人形偶更名为"珍妮"进行出售。相较于容貌逼真的原创芭比，"珍妮"被改造成符合日本人审美的大眼配小鼻和小嘴，颇受欢迎。

6 "洋娃娃"主要是指供小女孩玩换装游戏而制造的人形偶，比如美泰公司的芭比、TAKARA 公司的珍妮、莉卡酱等。

7 "手办"是指以展示为目的、小批量生产的精密模型。其对象从传统的帆船、老爷车等，到近年来的动画、特摄等，逐渐拓展至多个领域。它能表现一般产品所欠缺的考究细节，加上无法大规模生产的稀缺性，虽然价格昂贵，但还是成长为一个很受欢迎的领域。手办是用纸黏土、油灰等，从头开始制作角色原型（这被称为纯手工制作，以区别于部分改造式的制作方式），再通过手工塑形制作而成。制作原型的造型作者被称为"原型师"，他们的作者性也是我们品味手办趣味的一个重要方面。

03

日本之外战斗美少女的情况

日本之外御宅调查

据说，如今在欧美，"otaku"、"anime"［动画，根据冈田的说法，"Japanimation"（日本动画）这个表述好像几乎无人使用］等词语也和"sushi"（寿司）、"sake"（日本酒）、"karaoke"（卡拉OK）一样，成为可以直接通用的"外来语"。比如，美国的重点大学几乎都有一些动画社，各个社团也都在网上创建了精心设计的主页。

我试着使用 Alta Vista 检索相关词语（调查于1999年11月24日）。首先是"otaku"，访问量为69 420次。同样属于外来语的"anime"为1 703 605次，"manga"（特指日本漫画）为1 356 310次，"comic"（特指欧美漫画）为1 997 490次。将这些数据放在一起看，着实令人再次对御宅文化的普及程度感到惊讶。

以下列举一些热门词语供大家参考："Star Trek" 447 430次，"Superman"277 330次，"Batman"426 250次， "Beatles" 670 512次，"Spice Girls" 162 425次。另外，在美国 几乎和"御宅"同义的词语"Nerd"访问量为374 920次。

当然，这类检索结果在当下不会有特别高的可靠性。 因此，以上数据仅供参考。但在想象"otaku"的普及程 度时，这些数据可作为一个标准。

每当接触欧美圈"御宅"的言行时，我都会察觉他 们的粉丝意识和日本御宅有微妙差异（本书原则上统一 写作"御宅"，以下指称国外"otaku"时，则使用加着 重号的"御宅"，以示区别）。御宅们究竟是如何看待"战 斗美少女"的？为了对欧美动画迷做一个简单的意识调 查，我尝试在动画迷制作的网站中，主要挑选其中较知 名者进行访问，并尝试通过电子邮件提出一些问题。以 下是邮件的提问部分：

多年来，我一直有个疑问：为何在日本漫画、 动画（比如《美少女战士》）中，青春期少女要武装 起来，与敌人进行战斗呢？好莱坞电影中也会出现 很多战斗的女主角，但她们并非少女，《坦克女郎》 《这个杀手不太冷》除外。美国最著名的局外人艺术 家亨利·达格，描绘了很多幻想中武装起来或进行 战斗的少女。如果您知道在奇幻文学中登场的武装或战斗少女的例子，烦请赐教。

身为精神科医生，我从性的视角探讨这些女主角。如您所知，在日本我们将喜爱动画、漫画的人称作"御宅"。最有名的御宅，也就是少女连环杀人犯宫崎勤，前不久被宣判死刑。该案件发生以来，人们对御宅的印象越来越差。就连知识分子都误将御宅理解为恋童癖。某位意大利心理学家指出，那些孩子看着少女与敌人战斗的动画（他说的是《美少女战士》），长大后会变成性倒错者。这些武装的美少女，果真是御宅倒错欲望的衍生物吗？您如何看待这个问题？

这个问题多少有点冒昧，却意外地收到了很多真诚的回答。为了再次阻止人们对御宅提出基于刻板印象的批判，比如"自闭""没常识""缺乏社会性"等，我一定要先强调一下。就我个人印象而言，即使与英语圈一般网友相比（或者与日本一般御宅网友相比），他们都非常有礼貌且认真，提出的意见富于理性和启发。以下我将引用他们的发言，来概述战斗美少女在日本之外的接受情况。

欧美圈的战斗美少女

首先，针对我问题意识中的核心部分，也即"战斗美少女在欧美是否存在"一问，有如下这些回应，让我介绍其中一些。

麻省理工学院的麦克尔·弗兰克告诉了我一些美国的有趣事例。

最近，电影《吸血鬼猎人巴菲》改编成了电视剧。这是十多岁少女击退吸血鬼的故事。当下爆红的电视剧《战士公主西娜》也出现了战斗女主角，但要说她的年龄，我认为大约是青春期的大学生。

美国漫画中有不少年轻女性超级英雄。比如，在《X战警》系列中有十三岁就参加战斗的少女（凯蒂·普莱德，即"幻影猫"）。她在十多岁的时候很受欢迎，但现在她长到二十多岁，好像不那么受欢迎了。

麦克尔充分理解了我主张的重点，即"亚马孙女战士*不同于战斗美少女"，在此基础上，他也承认几乎所有的美国漫画女主角都缺乏"可爱感"，她们只是性格要强。他指出，《X战警》的凯蒂·普莱德是个例外，至少当初在漫画中登场时，她是个天真而又可爱的女主角。

平装本小说中也会出现众多战斗女主角。有一位作家叫梅赛德斯·拉基†，时常让年轻的战斗女性角色登场。

---

* 亚马孙（Amazon），古希腊神话中的女战士族。
† 梅赛德斯·拉基（Mercedes Lackey），美国奇幻文学作家，代表作是"瓦尔德马"（Valdemar）系列，如系列作品第一部《女王之箭》。

还有以周六早间档动画[1]为主的作品，比如《神奇双子》《史酷比狗》等，也出现了勇敢的少女，但这些动画都将暴力成分降到了最低。

麦克尔在此提到的若干作品将在第 5 章后半部分进行简单介绍，这里就不细说了。但这类女主角近年来在美国也越来越受人欢迎，这个事实非常有趣。当然，和日本相比，它的普及性极其有限，但这类事例的增加，至少显示出一种征候。

约翰·霍普金斯大学的迪·李说："除了奇幻文学和漫画之外，没法立刻想到其他门类中出现的战斗美少女"，但又指出"不良少女题材"是时下的潮流。在美国管理 anime.net 网站的达恩·霍利斯认为，美国动画也会出现很多战斗少女，但基本上都是些不值一提的作品。科罗拉多大学动画研究会的一名成员，举出了美国动画电影《重金属》的例子。但就我看来，该作中登场的角色仍属于亚马孙女战士系列。

根据西班牙动画迷拉蒙·奥迪亚雷的说法，在欧洲的历史、传说中，武装的女主角并不罕见。重要的是，为何在远离欧洲传统的地方，也即在日本，少女要披上铠甲，武装起来呢？不过，他举出的例子首先是圣女贞德和《野蛮人柯南》中的红发索尼娅。姑且不论圣女贞德，他还是没能完全避免将战斗美少女和亚马孙女战士混为一谈。因此，他所指出的"20 世纪六七十年代很多科幻作品中有很多那样的事例"，也就很难照字面意思来接受了。在美国管理 otaku.com 网站的亚历克斯·麦克莱伦也和拉蒙一样，指出了欧洲史上的一些例子，但他所举出的例子仍是圣女贞德、伊丽莎白一世、胜利女神、亚马孙女战士等，他和拉蒙一样将定义扩大到了所有的女战士或女豪杰。

英国格林威治大学的马修·巴伯提到，美国、英国也有战斗美少女的例子，虽然不及日本多。他举出了唐·卡梅隆的《禁止热情》、克里斯·巴卡罗的《X一代》等例子。另外，他也提到了我举出的《坦克女郎》，并指出这部作品确实是个例外。也就是说，英国的漫画、动画、小说、电影等各门类之间关系薄弱，漫改电影本身就很少。

马修似乎在相当程度上拥有接近日本御宅的感性，其分析大体上基于"动画"的文脉，让人觉得很贴切。以下我将尝试引用他对于战斗美少女的一些评论：

> 《攻壳机动队》的草薙少佐在改编成动画之后既失去了武装，又失去了可爱感，但她的气场具有冲击力，而且我认为她在美国的成功也是因为外表。
>
> （关于前文提到的《吸血鬼猎人巴菲》）我不认为巴菲是坚韧顽强的女战士，而是典型的山谷女孩*，比起击退怪物，约会或购物更适合她，这也许是节目中的一个噱头，但我认为美国女学生给人的

---

* 山谷女孩，本书后面也会提到，是指"家境富裕，喜欢玩乐，很懂时尚的美国女学生"。

印象也和日本女学生不同。

关于"魔法少女题材"或者她们的"变身"，他也提供了很有意思的评论。

> 我没看过《魔法使莎莉》，但看过其继承者《魔法骑士》《守护天使莉莉佳》《美少女战士》等。我认为，这些作品与其说像《夫人是魔女》这类喜剧，不如说更像超级英雄故事，虽然角色没那么突兀。
>
> 变身与不为人知的真面目，这个概念令人想到美国超级英雄题材，比如《超人》《蜘蛛侠》。他们过着普通人的生活，而一旦换上特别的服装，就会获得超人的人格。魔法少女题材可能也受到了这个概念的影响吧。

然而，我认为马修最重要的观点，是如下这般指出了动画中的幼态化倾向：

> 在动画中，令我感到震惊的是，主角看上去都比实际年龄偏小。比如《猫眼女枪手》中的小梅虽然设定是十七岁，但看上去只有十四岁。主角偏幼小是最近的倾向吗？《宇宙战舰大和号》《超时空要塞》《科学忍者队》等新系列中的主角像是返老还童的少年。这是为了和《银河女战士》《三只眼》等作

品相对抗吗？不管理由是什么，（日本人的）偏好似乎越来越趋向幼小的角色。

关于"魔法少女""幼小的女主角"等问题，《美少女战士》仍是最重要的作品。在这次调查中，反应最有分歧的作品正是《美少女战士》，这或许也具有重大意义。我认为，从中能够看出欧美御宅和日本御宅在意识上的差异。不过，虽说意见有分歧，多数人都反应"那是给小女孩看的东西""看多了会变笨""咱社团不允许看这种东西"，等等，很多都是带有调侃性质的消极评论。

在芬兰管理动画主页的安迪·贝斯马，是这次调查的动画迷中少数支持《美少女战士》的人，也是最接近日本御宅的动画迷。他还是《不可思议的游戏》和宫崎骏动画的粉丝。据说，原本是电影迷的他，自从迷上动画之后，就几乎不看电影了。

他也不太能想到欧美圈中"战斗少女"的实例。关于《美少女战士》，他一开始觉得那是给小女孩看的作品，不太明白看点在哪里。但他硬着头皮看了下去，某天突然爱上了这部作品。他把理由归结为，主角是拥有超能力的少女们。原本不喜欢变态作品的他，似乎没法相信，像《美少女战士》这样精彩又可爱的动画居然也会有倒错元素。

我知道，变态漫画也有粉丝。在芬兰，只能找到五部左右的动作系作品。因此，很多芬兰的动画迷都喜欢动作系动画。在这里，要成为动画迷是件非常辛苦的事。我看的第一部动画是（变态动作系的）《虚月童子》，当时很喜欢，但现在的喜好已经从变态动作题材转变为浪漫喜剧题材，最近很少看变态题材了。魔法少女题材，我只知道一部《魔法少女砂沙美》，而西洋的魔法少女题材只在书上见过。

《心跳回忆》这款游戏的动画绘非常精美。不过，当我听说还有藤崎诗织 * 的音乐录像和粉丝俱乐部时，感到不可思议。这样的录像不是模糊了现实与幻想的区别吗？

对日本抱有极大好感的他，在邮件末写道：

我服完兵役就去日本。

综上来看，或许可以认为我的预测并没有太大偏差。可以肯定的是，战斗美少女这个门类是一个在日本取得独特发展的领域，而在欧美圈则不如日本突出，尚未形成一个门类。关于这一点，现在几乎可以下定论。至少在日本之外，这类女主角不会像在日本这里被直接用于市场营销战略，并如期热卖。

---

* 藤崎诗织，游戏《心跳回忆》中的角色。

但近年来，令人感到意外的是，极其近似战斗美少女的女主角开始在真人剧领域赢得人气。我认为，这个倾向几乎毫无疑问是深受日本动画的影响。

动画与女性主义

哈佛大学的本杰明·刘主要从女性主义视角分析这个现象。他是一名"资深"动画迷，甚至撰写过一篇关于动画的日语论文。刘举出《小甜甜》《我的女神》《电影少女》等作品，这些作品中出现了符合刻板印象的女性，也就是"具有女性气质的女性"。与之形成对比的是《凡尔赛玫瑰》《甜甜仙子》《美少女战士》等，在这些作品中女性表现得如同假小子，会变身，会消灭怪物。他推断，后面这个系列的作品象征着女性地位的提升，而他认为最具女性主义气质的作者是宫崎骏。

诚然，他的这个对比并非没有问题，而且遗憾的是，他未能充分参考《美少女战士》之前的战斗少女谱系，但他的见解提醒我们注意动画作品中的性别角色，在这个意义上是很宝贵的。此外，让我再摘录一些他提出的重要意见。

刘首先指出，日本的主角一般都很幼小。在美国漫画中（他以《X战警》为例），主角大抵都是成年男性；而日本则多选取青春期少年少女作为男女主角。关于这一点，他在多处提出了同样的观点。

另外，关于战斗美少女与性倒错的关系，刘持完全否定的立场，理由如下：

1. 日本人和其他民族相比，性癖方面没有显著差异。

2. 动画的暴力描写经常成为问题，但不能据此认为日本人特别崇尚暴力。

3. 大众媒体反映社会状况，但直接将动画的思考方式看成社会的思考方式，那就不对了。

4. 将动画创作者都视为性倒错者不太妥当。

5. 日本的动画、漫画相当于美国的电视剧、电影。也就是说，它们在社会接受度和影响力方面都是等同的。这样看来，对少女的描写方式差别不大（问题反而是，为何日本动画中会出现那么多怪兽）。

因此，相比将战斗美少女视为男性欲望的产物，我认为应该还有更合理的理由。

1. 在日本，女性的身份认同是模糊且受限的。战斗美少女提出了逃避这种束缚的方案。对于日本少女来说，守护自己和所爱之人的想法是有价值的。

2. 女性主义运动必然与性相关。女性必须摆脱男性所期望的少女形象，宣告她们自身的性自由。在性方面成熟，能够掌控自己的外貌和性的角色，是女性自立的另一种形式。再来思考一下与此相关的话题，也就是日本青少年的社会角色与幼态的动画主角。相比美国青少年，日本青少年立场较弱。在美国，孩子从小接受自立训练，而在日本，"年功序列""论资排辈"等观念根深蒂固。或许，动画中出现的众多年轻人，和女性的性别角色话题一样，是为了尝试打破"柔弱的年轻人"这个刻板印象。

3. 虽然部分动画角色是作为性欲对象而创造的，但并非所有的战斗美少女都只为取悦男性而存在。娜乌西卡*是这类存在吗？伊莉雅†呢？我喜欢《美少女战士》，不是因为它幼稚（虽说这是秘密，但我认为这部动画看多了会变笨蛋……开玩笑的）。（《街头霸王》的）春丽在成为御宅偶像之前，首先是个充满个性且强悍的角色。

4. 战斗美少女在打破女性形象的同时，仍然反映了"女性柔弱"的思想。既然奇幻文学也成立于真实之上，那么少女们作为通常意义上的柔弱存在，不穿战斗服就无法战斗。

主张战斗少女有害论的人，是把社会现象的分析弄反了。患有性障碍的人容易沉浸于动画世界。对于现实中得不到满足的个体而言，虚构是安全的，它就如同天国一般，不存在于这个世界的任何地方。"虚构"的反面并非真实，动画也不会造成倒错。只有怀着倒错幻想的人，才会从中看到倒错。

---

* 娜乌西卡，宫崎骏动画电影《风之谷》的主角。
† 伊莉雅，游戏《命运之夜》中的角色。

我喜欢动画《电影少女》，被它充满可能性的思想吸引——一种不可能的可能性。少女跳出电视画面，与怪物战斗。我愿意相信，这种魔法也是真实的。我不是要创造一个不可能的现实，而是要梦想一个真实的可能世界。

刘的分析着实精彩，有些方面不得不说是完全正确的。特别令人感到意外的是，他考虑到了，在日本社会不仅女性，年轻人都遭受着差别对待，并指出"日本动画、漫画相当于美国电视、电影"。虽然他的部分观点难免给人略显朴素的印象，比如认为动画的典型反映社会状况等，但并没有偏离文脉。

刚满二十岁的动画迷，能分析得如此确切，还用日语写成论文，不得不说已经和当下日本一般的御宅有了根本差异。反观日本人，看看线上会议室就知道，那里永远只说圈内"黑话"，圈地自萌，完全不指望会出现这种具有批判性的论述。即使认真谈看法，似乎也会事先说明这是自己的"风格"。

但我不想对他的主张照单全收，尤其是他所分析的社会压迫结构悖论性地投射于动画作品这一点，虽说是正确的，但正因为过于正确，反倒忽视了动画的特异性。另外，关于战斗美少女题材与女性主义，我觉得斋藤美奈子在《一点红论》中的考论已经穷尽了主要的视角。说到底，我只想聚焦于动画与性的问题。

战斗美少女的精神分析

动画与倒错

接下来我要探讨的是，这个门类在多大程度上与性乃至性倒错的问题相关，以及这个独特的发展在日本有何意义。

前文提到的西班牙动画迷拉蒙·奥迪亚雷认为，对于欧洲动画迷来说，首要问题是审查制度。在西班牙，就连宫崎骏导演的《红猪》都仅限成人观看，其他日本动画也几乎禁止放映，只能通过录像观看。这可能在很大程度上是受到一部分变态题材的影响，即便如此，仅仅因为它是一部日本动画就禁播，这就不太妥当了。当然，这类"误解"似乎相当普遍，不止西班牙才有。以西欧标准来看，日本动画这个门类本身就被认为充满性禁忌，原因何在？

前文提到的马修·巴伯，也为我们详细报告了动画在英国的接受情况。

> 在英国，对于动画的抵制也很激烈，尤其像《虚月童子》《淫兽学园》这类触手色情片[2]，其中几集甚至禁止售卖。动画在发行时，经常会删减涉及暴力和性的镜头，好莱坞电影亦是如此。
>
> 我看过几集专为美国人剪辑的《美少女战士》，对于性暗示似乎很敏感。变身时裸体的镜头都被剪掉了，（反派四天王之一）佐伊赛特的性别也被改为

女性。这是为了避免观众将他与昆茨埃特的关系当成同性恋，虽然我不觉得这部作品有什么罪过。或许因为漫画是少女向，主人公是女孩子，小女孩就很容易产生代入感。很多御宅希望将她们置于"18禁"（adult）的情境，这种做法就如同以戏谑方式打破原作纯洁性的同人小说，或者像《星际迷航》的耽美本一样，但我并不认为所有粉丝都会那样做。

前文提到的亚历克斯·麦克莱伦指出："宫崎（勤）应当处以死刑"，同时嘲讽般地反问道："（关于性倒错的原因）那位意大利心理学家没提到天主教会吗？"他说"谁都有权观看想看的东西"，并认为"御宅的倒错欲望，只存在于吹毛求疵的政治家之间、拼命推销的报纸之上和自我谴责的内心之中"等，回答中带有很强的嘲讽意味。

达恩·霍利斯（前文提到过）断言："《新世纪福音战士》很无聊，只有'连接电缆的装置'这个设定还算有创意。"他说："在魔法少女题材中寻求'性'是错误的。"据他的说法，战斗美少女不是给御宅看的，《美少女战士》《小红帽恰恰》《飞天少女猪》《魔法少女砂沙美》都是给小女孩看的动画。霍利斯对我说"如果您认为动画涉及'性'的问题，首先应该研究您自己"，这给予了我极富精神分析意味的启发。

圣克劳德州立大学（明尼苏达州）的保罗·赫夫利

是《新世纪福音战士》的铁粉。关于御宅与性的问题，他如下说道：

　　御宅这个身份与倒错无关。在美国，"御宅"指的是沉迷于动画的粉丝，类似星际迷。当然，有些粉丝只想看仅限成人观看的动画，这是动画在教唆他们这么做的吗？我不认为是这样。即使没有动画，那些家伙也看过真人色情片吧。我之所以看动画，是因为对其深刻的故事性和精心设计的角色感兴趣。

　　不过，武装的儿童有何魅力呢？我今年二十一岁，但已经看完了《美少女战士》播出的全部内容。一开始是出于好奇心，和无聊的美国动画相比，这部片子很新鲜。不过，我越看越投入，这并不是因为我喜欢看女孩子组团战斗，而是因为我觉得它作为奇幻文学完成得很出色。不过，我自己没有陷入倒错，现在也和普通人一样交女朋友。我认为指责御宅和动画迷是不应该的。

科罗拉多大学"御宅动画协会"副会长，对《新世纪福音战士》和宫崎骏评价很高，但他称自己或许和日本御宅不一样。

　　我爱看出现战斗女性的场景，比如像《泡泡糖危机》那样的作品。这部动画的女性都很漂亮，不畏惧独立。我对那种大眼睛、整天咯咯笑的"超绝可爱的女孩子"就没什么兴趣。我喜欢《泡泡糖危机》中出场的普利斯，她是骑摩托的摇滚歌手。

我喜欢聪明、好斗的女性，喜欢和我一样擅长数学和计算机的女性，而乖巧顺从的理想女性对我没有吸引力。我对小女孩也没有兴趣，而是喜欢和我同龄（二十二岁）的女性。

本似乎将我所说意义上的"菲勒斯母亲"式的女性形象视为理想。他确实和所谓的"御宅"有诸多不同。这不单纯是喜好的问题。他无论在动画还是在"现实"中，都拥有几乎相同的"理想女性"形象。他的喜好过于一致，这正是他"称不上御宅"的原因。

由此可见，关于御宅、动画与倒错的关系，人们几乎都持否定意见，而关于御宅"现实"中的异性关系，既有像本那样和女孩子进行一般交往的人，也有不是这样的人。但御宅（或 Nerd）多为男性，而且有不少人指出他们缺乏异性关系。这方面的情况，可能和日本没什么不同。

战斗美少女与文化背景

哈佛大学的迈克尔·乔班科是宫崎骏动画迷，特别喜欢《风之谷》和《天空之城》。他相当细致地分析了战斗美少女的成立。

　　首先有少女漫画的存在，它是为女孩子创作的漫画，主人公理所当然就是少女。《美少女战士》是面向小学女生的作品，虽然也有青年爱看，但多数粉丝（至少在美国）都是女生。不过，我个人并不喜欢《美少女战士》，而是喜欢面向更高年龄受众的动画（比如《不可思议的游戏》《橘子酱男孩》）。

　　御宅的嗜好之所以会对漫画、电视游戏产生深远影响，最重要的原因是创作者本人就是御宅。

　　在漫画和动画中，性的概念错综复杂，也有仅为满足性欲而存在的"变态"漫画。这类作品不只存在于动画和漫画，还存在于电视游戏之中。《心跳回忆》成为主流，伊达杏（堀制作公司的虚拟偶像伊达杏子）出道，都反映了御宅的理想。为何这在日本成为可能呢？日本男性的性欲受到压抑，和女性相比又缺乏活力，这和日本文化的特殊性有关。这是我自己与日本人接触之后得到的印象。

　　较之其他文化圈，动画、漫画、电脑游戏在日本特别兴盛。美国虽然也有漫画、电视游戏，但主要都是面向小孩的。卡通是给幼龄儿童看的，或者像迪士尼那样适合全家一起看。虽然可能有少女主角，但一般少年对于少女主角没有兴趣，而是崇尚暴力和行动。在美国，一旦少年开始对少女产生兴趣，就会把电视游戏扔一边。几乎没有哪个少年过了十四岁还对电视游戏、漫画感兴趣。

日本社会相较其他社会，对御宅式的生活更包容。在美国，根本无法想象动画角色会变成偶像。又或者，对很多美国人来说，要求年轻女孩们穿水手服作为高中制服，是一件令人震惊的事情。在重视青春期纯粹性的社会中，人们很难接受以那种形式将女高中生"客体化"。这不是价值判断，而是文化差异。当然，我只能谈论美国的情况，就连这样都可能陷入刻板印象。像《美少女战士》那样的角色模型，与其说旨在为女性平权，不如说是将女性物化。《美少女战士》已经在美国放映了超过一年时间，但动画迷和御宅都没有为之痴迷，支持者只有作为原本受众的幼龄儿童。

（关于迪士尼粉丝与御宅的差异）迪士尼是面向大众的，因此更花费精力和时间，会出高价来邀请知名电影演员担任声优。但即便如此，其魅力还是比不上动画。动画及其他的御宅活动，极大地改变了生活本身。在这一点上，动画的影响力胜过任何一部迪士尼作品。这是御宅活动与单纯的流行事物之间的差异，也可以说是动画与拓麻歌子*的区别。《美少女战士》介于两者之间，无论是一般大众还是御宅，都能接受。

　　我不认为伊达杏子的目标是要成为一般意义上的偶像。对于挑战技术边界这一方面，我很感兴趣。朋友买了她的CD，虽然很酷，但看了她的录像之后觉得有点吓人。她似是真实存在，却又不完全真实，而动画角色就不会似是真实存在。御宅虽然能爱上水兵月，但他们知道那不是真实的。如果水兵月是真实的，那就有点吓人以至于让人感到困扰了。伊达杏子没能火，我很能理解。也许，世界还没有为接受虚拟偶像做好准备。随着科技进步，这类偶像（比如《超时空要塞Plus》的莎郎·埃普）会更受人欢迎吧！而现在，我只是感到好奇。

　　在美国几乎看不到像水兵月这样可爱的主角。虽然我认为也有很多美国人喜欢这类角色，但多数美国人反而会感到困惑。她们的可爱往往相当于幼儿的那种可爱，喜欢上这类角色，就带有一种恋童癖的感觉。但我预测，美国漫画也会渐渐接近日本的可爱小女孩吧！

　　在此，乔班科基于对美国禁忌意识的了解，为我们

---

* 拓麻歌子，万代公司于1996年推出的电子宠物系列游戏机，一度风靡全球。

提供了宝贵的资料。水手服本是水手的工作服，后转用作女学生制服，个中原委确实值得关注。因为近年来，"女高中生"在日本备受瞩目，对这个群体的关心包含诸多要素，不是一句"对年轻女性的欲望"就能简单概括的。

关于"变身"问题，他还发表了如下见解：

（关于战斗美少女的变身）这或许是幼小可爱的少女转变为成熟坚强的女性。这种双重人格能够带来成年男性御宅在少女身上所期望的一切。这让她们变为完美的存在。

"变身"是加速成熟的隐喻，这一点我也完全同意。

接下来要介绍的杰夫·蔡是加州大学伯克利分校的学生。

身为《不可思议的游戏》的粉丝，他也认为战斗美少女题材在几乎所有的电影、电视节目中都是少数派。作为例外，他举出《终结者》《尼基塔》等作品。

（至于为何数量少）理由我不是很清楚，可能是因为动画风格存在差异。比如伟大的迪士尼将角色描绘得很写实，观众也想看写实的作品，所以就难以画出"美少女"。"大眼睛、小鼻子、小嘴巴"的动画风格只有在日本才能被接受。

在一篇心理学论文中，作者将战斗美少女登场的动画命名为"魔法少女题材"，并指出这些坚强的女性角色，仍保持着纤细的女性气质。如果愿意，她们甚至能伤害男性，而一旦被男性告白，她们又会沉醉其中，变得温柔多情。正是这个特点受到御宅的喜爱。

前文提到的迪·李指出，战斗美少女动画包含着倒错和吸金的意图。虽然《甜甜仙子》等作品是面向小女孩创作的，但《极黑之翼》等作品中出现的武装少女则明显诞生于倒错欲望。他认为少女们身着的铠甲，"是多余且无用的装备"，而关于《魔法少女砂沙美》，他又指出"那样暴露的服装没有必要"。李的见解可以说也很有道理。

人种情结？

最后要引用的这封邮件多少有点特别。简言之，这是某位白人青年的手记，他的人生观因动画而发生错乱。他同意以匿名为条件公开邮件，所以这里几乎全文引用：

> 您的意见很有意思。小时候，我最喜欢的动画是《超时空要塞》《宇宙战舰大和号》《科学忍者队》。当时的我不知道这些都是外国制作的动画。上高中

后，我对动画有了新的发现，完全沉迷其中，自己的生活也为之一变。我的朋友都是亚洲人，大学专攻亚洲史。父母对我的变化感到困惑，有时就连我自己都觉得奇怪。动画甚至确确实实地影响了我对女孩的喜好。

我异常地沉迷于亚洲的一切，动画在其中是很重要的存在。我尤其喜爱日本、中国、韩国。我专攻东亚史，朋友都是亚洲人，其中也有一位来自日本新潟的女孩。

不过，我并非一直以来都是这样。我生长在郊区的一个白人家庭，孩提时代几乎没有机会接触亚洲事物，顶多就是想变成忍者啦，听祖父讲他在日本时候的事情啦（祖父当海军时曾在日本生活过），看前面说的那些动画、功夫电影啦（我们当时看了很多武打片，还有《龙威小子》、李小龙的作品等，虽然这对于成长期少年来说很平常）。我的学校里几乎没有亚洲学生。即使有，也是亚裔美国人。

我在九年级（中学三年级）时开始学习跆拳道。在那里，我邂逅了一位少女，并开始和她交往，她是个韩国混血儿。那时候的事儿说来话长，长话短说，最终我们分手了。

分手后不久，某位朋友给我看了几部动画（《阿基拉》和《吸血鬼猎人D》），因为那时的我非常失落，就闭门不出，整天看动画。动画中的少女们让我想起了分手的女友。周末也在埋头看动画中度过，非常凄惨。

现在想来，她还是和动画中的少女惊人地相似。她不仅可爱，还强悍无比（她是跆拳道的州冠军，也是拉拉队队长）。她长得和动画中的女孩一样性感，眼睛也很大。也许是亚洲混血的缘故，她给人感觉很特别，甚至有点不像现实中的人。

后来，《魔物猎人妖子》中的妖子取代她，成为我认为最可爱的女孩。要是动画中的少女们真的存在，我大概会爱上她们。不过，或许正如一位日本教授半开玩笑地警告过我的那样，我不应该再看那么多动画。不然，我甚至会期待现实中的女孩也表现得像动画中的那样。我从来没认真分析过自己的想法，所以教授的批评我铭记于心。

不过，我敢确定，自己不是倒错者。因为无论是动画还是别的什么，我都不喜欢色情。我喜欢《乱马½》等高桥留美子的作品，也喜欢《DNA²》之类的作品。这学期，我就《乱马½》中的性分工及其表现这个话题撰写了论文。

渐渐地，我开始对亚洲文化的各方面产生兴趣，而不再限于动画。我关注的领域从欧洲史转向了亚洲史。上大学后，我立刻就和同为动画迷的韩国学生成为朋友。最终，我的朋友变成清一色的韩国人、中国人和日本人。我不太会说韩语，却总是和他们在一起，也是其中唯一的白人，这件事有点奇妙。不过，这个韩国学生团体，在其他亚洲人学生之间却被评价为"自命不凡"。我已经有很长一段时间都对白人同胞失去兴趣，在我还没结交到韩国朋友前，就已经这样了，理由有很多。你听说过兄弟会（大学社团活动的一种）吗？我参加的兄弟会和动画相关，因此戏剧性地改变了我的人生。

动画与前女友的记忆在象征性的关系中互相强化，两者都让我愈加迷恋。在此之前，我未曾喜欢过亚洲少女，也未曾和她们约会（因为韩国朋友说，那名韩国混血儿不算亚洲人）。对我来说，亚洲少女（仅指韩国人、中国人、日本人）与白人少女一样有魅力，而且我认为在亚洲，可爱女孩反而占比更高。不管是白人，还是亚洲人，最可爱的女孩都同等漂亮。我喜欢的并不是亚洲少女刻板印象中的"顺从"，而是单纯审美意义上的喜欢。

我敢保证，这类事情对于普通的美国少年来说，都非同寻常。您是精神科医生，或许能够判断个中意味，但对我来说就难以办到了。

每当我无意间望向整个房间，发现周围都是亚洲人，而只有自己不是的时候，抑或是每当我发现自己总是语言不通的时候，都会思索，我在做什么？为什么会变成这样？我觉得这很不可思议。

把一切归咎于动画肯定是不对的，因为其中有

战斗美少女的精神分析

更深刻、更复杂的情况。

母亲自从我发生那件事以来，似乎一直都这么想。

那是我两岁时，全家一起去西雅图旅行。在那里，有一家人出游的日本游客，带着一名和我年龄相仿的小女孩。我已经不记得了，但听父母说，我跑过去把那名小女孩扑倒在地，让她动弹不得。我的父母感到非常为难，怀着深深的歉意，向那名女孩的家人（他们不会英语）道歉。在这件往事中，或许深深地潜藏着一种无意识冲动，但我不是很明白。现在能写下的就只有这些，如能供您参考就好了，但希望您不要公开我的姓名。今年12月到明年1月，我将前往日本，与新潟的朋友会面。

我非常喜欢日本。我也是浮世绘、谷崎润一郎小说，以及奇波·马多*这类日本音乐的超级粉丝，对于平家与源氏之间的战争†也很感兴趣。我认为，日本是充满悖论和矛盾的社会，也是全世界最有魅力的社会，我对此赞叹不已。

如此直率的私人告白，打消了我试图"分析"的念头。他当然不是典型案例，可能也不算太特别。我只是想强调一下"动画迷"的多样性，避免人们产生一种单纯的

---

* 奇波·马多（Cibo Matto），音乐组合，由本田优佳、羽鸟美保两名日本歌手组成，以美国纽约为据点开展活动。

† 平家与源氏之间的战争，指平安末期1180—1185年间，源氏、平氏两大武士家族集团之间展开的一系列战争，史称"治承·寿永之乱"，俗称"源平合战"。

误解，认为日本的动画侵略导致全世界御宅化。

　　阅读他们的邮件，让我重新认识到日本御宅的共同体性质。其中所见到的奇妙的杂食性和表演性，却在结果上带来了一种单调性，而非多样性。我推断，这种单调性与几乎必然地附着在漫画、动画空间中的"单调性"是相一致的。我们或许可以将其解释为，作者的创造性与接受者的感受性过度同化，导致表现空间变得单调。这里我称为"空间"的这一事物的特性，以及这个场所的特异性，必然会导致战斗美少女的生成。关于这一点，请参照最后一章"菲勒斯少女的生成"。

注释

1　美国学校采取完全双休制，因此多数儿童向动画都集中于周六早上放映。小孩子钉在电视前，对于减轻父母照顾的负担也很有意义。坦率地说，早间档放映的作品绝对称不上高质量，因此有一个蔑称，叫"周六早间档动画师"。

2　"触手色情片"是对于一类成人向动画作品的一般性称呼，在这类作品中会出现女性遭到拥有巨大触手的怪物侵犯的镜头，代表作有《虚月童子》等。这一名词主要由美国动画迷使用，具有一定的侮辱性含义。

04

亨利·达格的奇妙王国

局外人

本书开头也提到过，我在构思本书主题时，画家亨利·达格留下的"作品"带给我很大的启发。暂且不论达格在美术史上的评价，如后文所述，其市场价值正在不断上涨。但在日本，这位画家的知名度至今仍不算高。因此，本章将介绍这位独特画家的生涯及其作品。

说到达格，就不能不提近年来日益受到关注的"局外人艺术"热潮。首先，我来简单介绍一下"局外人艺术家"。一言以蔽之，即指"未接受正规美术教育，也不属于美术界的艺术家"。局外人这个作品门类在欧洲被称为"原生艺术"（Art Brut），在美国则直译为"原始艺术"（Raw Art）。

局外人艺术也包括不属于美术界的业余作品，但一般多指"精神病患者的作品"。1922年，德国精神科医生普林茨霍恩*奔赴各地精神病院，收集患者的作品，并通过著作《精神病人的艺术》进行了介绍。此后，局外人，即精神病人的绘画、造型艺术受到了广泛的关注。另外，法国画家让·杜布菲†从艺术家的视角关注这些作品，把局外人艺术介绍到美术界，并在这方面做了最重要的贡献，"原生艺术"这一称呼正是来自杜布菲。

达格的介绍者约翰·麦格雷戈‡，这样定义局外人艺术："它创造了一个内容如百科全书那般丰富而翔实的、庞大的异世界（指那些无法适应现实社会的人所选择的、奇妙而又遥远的世界），并将其当成一个经营人生的场所，而非一件艺术品。"没错，他们以自己的疯癫创造世界，为其绘制地图，描绘他们自己的神的形象。他们在画中解说自己发现的万灵药，描写自己所见到的火星风景，或者详细说明迫害者通过远程操作折磨自己的那些装置的构造。他们在专属于自己的王国中发行货币，图解由自己创立的新宗教。这已经不是"描绘出来的虚构"了，对于作者而言，这完全就是现实的等价物。

局外人艺术家对于展示、出售作品兴趣不大。他们

---

* 普林茨霍恩，即汉斯·普林茨霍恩（Hans Prinzhorn, 1886—1933），德国艺术史学家、精神病学家，在海德堡大学精神病院工作时收集精神病人的创作，编成《精神病人的艺术》。

† 让·杜布菲（Jean Dubuffet, 1901—1985），法国画家，"原生艺术"的命名者。

‡ 约翰·麦格雷戈（John M. MacGregor），艺术史家，著有《疯人艺术的发现》。

的作品不是取悦他人的虚构，而是连现实都能改变的工具和手段。这么重要而又私人的事物，又有谁会展示给别人看，或转让给他人呢？

达格的创造行为，确实符合上述关于"局外人艺术家"的描述，即便如此，我还是有些困惑，不知该如何介绍他。把他当成一位画家或作家是否妥当？是否应该将这位终其一生把自己作品当成秘密来占有，死前希望把作品完全销毁的人视为"作家"？还是说，应该站在精神科医生的立场上，只讨论达格的病理与倒错呢？但正如后文所述，达格的"病理与倒错"的特征，就是当我们做出这样的"诊断"时，它会立刻反弹到我们自己身上。况且，我们尚不知晓达格的全貌。由于各种困难的情况，其创造的核心仍是个秘密。在这里，我的目标只是开拓一些思路，继续讨论达格的非凡才能。

达格自二十四岁起，在长达六十年*的时间里都在独自创造一件不为人知的作品。作品包含一万五千页以上的、庞大的打字机原稿，并附有大量插画。作为凭一己之力创作的单部虚构作品，这恐怕是空前的规模，但由于保存状况恶劣，故事的全貌目前仍不得而知。插画所描绘的世界充满奇妙的魅力，人们的视线很难不被它吸引。但最重要的是，达格创作这部作品完全只为自己，而绝不是想给任何人看。

---

* 亨利·达格应只活了81岁，此处疑为原作者笔误。——编者注

图 1 达格的出租房
©1999 Kiyoko Lerner. 版权所有

他的故事中出现了七名被称为"薇薇安少女"的女主角。为了将儿童奴隶从邪恶大人的支配中解放出来，她们拿起枪杆，勇敢战斗。战斗常常极其血腥和残酷。在达格的绘画中，少女们的纯真爱欲与这种血流漂杵的残暴之间形成对比，给人留下无比鲜明的印象。尤为奇妙的是，这里都是菲勒斯少女。可以说，如何接受这种描写，决定了观者与作家达格邂逅的性质——要么把它当成倒错的产物而予以拒斥，要么将其视为自身欲望之镜，在犹豫不定之间持续凝视。当然，这不是在争论对错。只是，我不得不采取后一种态度，去窥探他那间秘密小屋。

达格无缘美术教育，他的绘画从技巧上看显得很稚

　　　　　　　　　　　　战斗美少女的精神分析

拙，但正是这份稚拙成就了他。将少女群像配置在风景中或房间内，这体现了他精湛的构图能力，而他那轻淡柔和的笔触，又表现出清新的色彩感觉。背景中描绘了云彩、雷电，其出色的自然描写带有鲜明的表情，明显反映出他对人格神朴素而又虔诚的信仰。事实上，他确实是名非常热心的天主教信徒。

他的绘画最显著的特征就是具有一种奇特的形式，仿佛纯洁本身孕育出纯洁。没错，至少他的创作行为必然与"儿童般的纯洁"密切相关。但这种纯洁，又纯洁到了何种地步啊！天真无邪的心酸、纯洁的情欲，这种不稳定的紧张感充斥着整个画面。那一刻，我们直面自身欲望的一个影子，而这又让我们不得不深感困惑。

如今，达格被评价为"美国唯一且最重要的局外人艺术家"（约翰·麦格雷戈语）。据说，他的插画在艺术市场以高达数万美元的价格进行交易。麦格雷戈是美术史家，也学习过精神分析，他首次尝试从病迹学*的观点洞悉达格的作品。1986 年，他在完全偶然的情况下得知达格的作品，此后持续研究十余年，发表了数篇关于达格的论文。在这里，我将基于麦格雷戈的几部著作，从介绍这位独特的画家开始。

---

* 病迹学（Pathography），对历史上杰出人物的生涯，从精神医学以及心理学的观点进行分析研究，阐释其精神疾病与创作活动之关联。

图 2　晚年坐在出租房前的台阶上的达格（1970 年）

©1999 Kiyoko Lerner. 版权所有

生活史

1892 年 4 月 12 日，亨利 · 约瑟夫 · 达格出生于美国伊利诺伊州芝加哥。据说他终其一生都未曾离开过芝加哥 *。达格四岁时，他的妹妹出生了。不久，母亲患败血症去世，妹妹随即被送养。其后，达格由身体不健全的父亲抚养长大。但 1900 年，父亲也死了 †。八岁的达格被托付给一家天主教的少年机构。十二岁，他被收容在伊利诺伊州林肯市的精神发育迟滞儿童机构。据说他的绰号为"Crazy"（疯子），但达格身上当然看不到智障的病症。这家机构，即林肯精神病院对他的"诊断"是"过度自慰"。在 20 世纪初的美国，这类机构收容了众多被认为精神上有问题的儿童。

达格多次试图逃离机构，终于在 1909 年（十六岁）取得成功。十七岁时，他受雇于圣约瑟夫医院，做洗碗工兼清扫员。其后，他的人生看起来极其单调，缺乏起伏。他终身未婚，在芝加哥的几家医院打杂谋生。

芝加哥北区一栋房子的三楼有一间小小的出租房，那是达格的住处，也是他全部天地。他每天的工作是看守医院、洗碗碟、清扫等单调的体力活。达格每天上班，吃饭就在附近的餐馆解决，一回到房间就开始做他那秘

---

* 下文提到达格曾被收容在林肯市的精神发育迟滞儿童机构，此处疑为原作者笔误。——编者注
† 达格的父亲被送进了养老院，而不是死了，此处疑为原作者笔误。——编者注

图 3　达格的《非现实王国……》笔记
©1999 Kiyoko Lerner. 版权所有

密的工作。达格也是一名热心的天主教信徒，每天出席教会弥撒，多的时候甚至一天去五次。

他几乎没有朋友，"孤独到近乎病态"（麦格雷戈语），总是担惊受怕。即使遇到熟人，他也只会聊聊天气。就是这样的达格，似乎也曾有一位叫威廉·施罗德的朋友。但这唯一的朋友不久也搬家了，达格的孤独变得无以复加。或许正是彻底的孤独，让他在无人知晓的情况下创造出一个虚拟世界，并记述下它那庞大的历史。

发现

1972 年 11 月，一个下雪天，八十岁的达格被一家养老院收容。自那之后，他再也没有回到曾住了四十年之久的出租房。房东问他家当要如何处理，他只是回答了一句："统统归你了。"

不知这对于达格来说是幸还是不幸，总之这位房东内森·勒纳发现了达格的作品。内森是一位相当著名的摄影师，同时也是画家、设计师，以及芝加哥包豪斯设计学院的美术教授。这份偶然，使达格的绘画免于被毁。

房东内森一进房间，就发现房间里堆满了杂物，连站的地方都没有。达格绝不会丢掉自己的收藏品，在杂乱的房间里，他过着像是被垃圾淹没的生活。地上散落着水杨酸铋（止泻药）的空瓶、一捆捆像是捡来的旧杂志和报纸、几百来个不知道派什么用场的线球，以及各种奇妙的收藏品。内森·勒纳和他指导的学生大卫·伯格伦德一起开始打扫房间，这次大扫除带来了堪称命中注定的发现。

他们首先发现了一部自传，名为《我的一生》，多达八册共计一万页。这些都是1963年达格从打杂工作退休后所写。他们又打开了随意摆在房间里的一个大号旧行李箱，在里面发现了更重要的东西。那是一份厚厚的打字机原稿，多达十五册共计一万五千页（麦格雷戈称其为"史上最长的小说和虚构作品"，"堪比不列颠百科全书"）。故事中还附有数量庞大的插画，由三册构成。此外，从达格的房间里还发现了详细的天气记录、剪贴本、日记、信件，以及关于虚构战争的笔记、素描、计算表，等等。

虽然这个发现纯属偶然，但内森立刻就理解了它的价值，决定把这位伟大艺术家的痕迹全都保存下来。此后的二十五年间，在内森的管理下，房间一直保持达格生前的状态。

在养老院的达格是个怯弱、忧郁、安静而不起眼的老人。作品发现后不久，学生大卫·伯格伦德前往养老院拜访了达格。大卫仍在为他的发现感到兴奋不已，兴致勃勃地向达格报告了自己的发现，但达格的反应有些奇妙。

达格显然大受震撼，他沉默片刻，终于艰难地开口说道："太迟了，我什么都不想说。"仿佛心灵受到重创一般。随后，他用明确的语调补上一句："（作品）统统给我扔掉。"

半年后，达格在孤独中迎来了死亡。

从这段逸闻中可知，达格毫无世俗功利心，未曾打算公开自己的作品，获取好评。但如今，他的作品已经频繁在纽约、日本展出，在欧美也逐渐广为人知。我们当然不知道，这是不是达格希望看到的。麦格雷戈提醒我们注意，无论怀着多大的敬意对待他的作品，我们都可能成为冒犯他的王国的入侵者。麦格雷戈身为介绍达格的最大功臣，表达这样的纠结心情或许很矛盾，但考虑到达格作品难以抗拒的魅力，为了确保最低限度的道德伦理，这种怀疑态度是不可避免的。

在非现实王国

亨利·达格简直把自己的一生都献给了一部叙事诗。这部叙事诗题为《非现实王国，或在所谓非现实王国中的薇薇安少女的故事，或格兰丁利尼亚大战争，或格兰迪科与安吉尼亚之间起因于儿童奴隶叛乱的战争》。它包括在薄纸上密密麻麻打满字的七卷手工装订本，以及八捆手写原稿，故事长达十五卷共计一万五千多页。由于卷帙浩繁，保存状态又恶劣，捆在一起的原稿光解开就可能散架，因此就连麦格雷戈都没有完整读过。他指出，即使这个故事有可能出版，也只能慎重地扫描原稿，并存储在光盘里。另外，原稿中还附有三百多张插画，正是这些绘画，使这位至今未被人们阅读过的作家名垂青史。多数绘画呈卷轴状，最长达三百六十厘米。通常，纸的正反两面都有画，因此达格的作品在展示时必须夹在两块大玻璃板中间，而不是装裱在画框里。

据推测，达格从青春期就开始构思这部作品，而正式的创作时间则是从十九岁到八十岁这六十一年间。

当初，他还设想过让故事发生在别的行星。这个异世界故事所讲述的是如下历史：神圣的奴隶少女军队与掠夺了格兰丁利尼亚王国统治权的凶恶男性奴隶主之间展开战斗。以下内容引自达格早期的设想：

> 我要描写这场大规模战争及其后续经过，或许

没有哪个作家创作过篇幅如此巨大的作品吧……在这个故事中，战争持续约四年零七个月。作者花了十一年描写细节，站在基督徒一边，为了在这场漫长而血腥的战争中取胜，日复一日战斗下去。

女主角即七名"薇薇安少女"（或"薇薇安姐妹""薇薇安公主"），是五岁至七岁的金发美少女。姐妹都是虔诚的基督徒，也是头脑清晰的战略家兼神枪手。达格如此称赞她们：

> 我无论如何都无法表现出姐妹们的美。而且，她们的性格与意志、她们的善良与灵魂更是完美无缺。她们总是欣然履行命令，远离坏家伙，每天出席弥撒和圣餐会，过着小圣徒一般的生活。

她们身着整齐的服装，在神的护佑下，跟随巨龙奔赴战场，时而陷入逼供与死刑的危机，但总能在千钧一发之际逃脱，无伤而返。她们总是意气风发，乐观开朗，而且拥有坚定的宗教信仰。姐妹们宛如圣母玛利亚，仿佛是被赋予了不死之躯的超自然存在。作为这类故事的惯例，薇薇安少女绝不会长大。

与少女们并肩战斗的巨龙，名叫"布兰基格洛梅尼安·萨班特"（简称"布兰金斯"）。这是一群心地善良的怪兽，长着巨大的羽毛、羊角和长长的蛇尾。"她们"各有各的固定名字，长相也各不相同。布兰金斯有时也能变成少女的模样说话。巨龙由衷热爱孩子们，经常在故事中出现，守护孩子免于敌人的迫害。

达格是持续记录战争叙事诗的历史学家，同时也是故事中的登场人物。在描写战争时，达格以他非常关心的美国南北战争为模板进行描绘。不过，这场战争所要解放的奴隶是"儿童奴隶"。战争横跨多个国家，各地都展开了复杂的战线。海面上，船只、潜水艇、水雷封锁了港口。达格自己则化身随军记者，以报纸头条的形式记述战况，并从战场发布报道。战争愈演愈烈，规模不断扩大，非战斗人员也被迫卷入其中。城市被格兰丁利尼亚人占领，众多居民成为饥饿的难民，向基督教领土逃亡。各地的孤儿院人满为患，成为战争与天地异变的牺牲品。

一天，薇薇安少女发现了一本旧书。书中详细记载了虚构的战争记录。她们知道自己也和这场战争有关系。书上签有作者的名字，亨利·J.达格。没错，这也是一部元虚构作品。

少女们的叔叔看到这个故事后，说想要买下这部书并出版。如果这部书能畅销的话，他就能成为大富翁！就算只卖出这一本，也能赚大约三十万美元。而且，这里有十九本。要是能卖掉，他还想把画也买下来呢！

但少女们不同意：

叔叔，这可不行。书的后面不是写得很清楚？

图 4、图 5　达格 薇薇安少女（部分）

©1999 Kiyoko Lerner. 版权所有

"即使拿来金矿里的所有黄金，即使拿来世上所有的白银，即使拿来世上所有的金钱，哦不，即使拿来世上的一切，也休想从我这里买下这些画。谁胆敢偷窃这些画，破坏这些画，我会向你们复仇，决不饶恕！"

从这段引文中能看出，达格认为自己的作品有出版价值，但他并没有尝试这么做。为什么呢？因为对达格来说，作品有必要完全由他自己独占。只有秘密地独占，才能提升虚构世界的真实性，并使之安全维持下去。

此外，他还在作品中反复书写自己的画遭人偷窃或破坏的担忧。实际上，这个担忧在他死后成了现实。如今，

图6 达格 少女与大人的战斗（戴着帽子的是薇薇安少女）（部分）
©1999 Kiyoko Lerner. 版权所有

达格的作品被当成"优良股票"，价值仍在不断上涨。尽管内森将达格的作品无偿捐赠给了洛桑的原生艺术博物馆，但不知为何，达格的作品还是流通到了市场上。麦格雷戈认为，买卖他的作品是不道德的行为。

达格的技法

虽然达格主要以绘画作品引人注目，但他的故事也充满了局外人文学的独特魅力。尤其是他的文体非常独特，比如"不合常规的语法、富有韵律的语言反复、生造词的使用、奇怪的标点用法"等，麦格雷戈称之为"语言的再创造"。

孩子们被残忍地虐杀。在牢房的中庭，他们的鲜血淹没了道路。怒吼声此起彼伏，到处都是骚乱。可怜的孩子们被搅入怒吼的灰色大海……这些可怜的小生命纷纷颓然倒下，被杀得七零八落，伴随着濒死的哀号声，一个接一个地猝然倒下。不久，尸体便堆积如山，道路也渐渐染红。想象一下吧！这些邪恶的格兰丁利尼亚人发出呐喊，满脸浸透着汗水和鲜血，越来越多的妇女发出越来越激烈的悲鸣，孩子们也在叫喊着。"主啊，请怜悯我们"，但怜悯并不存在。

达格费了大量笔墨描写破坏与杀戮，一个接一个地展示电影分镜般的场景。如后文所述，他的描写显然以心象为先，仿佛达格只是单纯描述了自己内心中生成的情景一般。或许也是这个原因，尽管描述的篇幅庞大，但这些情景却栩栩如生地展现在读者面前，丝毫不觉冗长与单调。

　　达格在书写这个极其复杂而又巨大的故事时，借助了很多笔记，制作了将军生卒、战斗胜负、伤亡人数等表格，还重新绘制了相关区域的地图、国旗、军旗，等等。

　　达格似乎是在故事几乎完成之后才开始绘制插画的。他本以为自己不会画图，却难以抑制想画的冲动，终于用他独特的方法开始作画。他为各章所需插图制作了表格，每完成一幅画，就在表上做个标记。

　　画中的主角，自然就是多达数千名的少女。显然，达格受到年幼少女的吸引。他在路上捡到各种杂志和报纸，不停地收集从漫画书、涂画书、童装目录和杂志等剪下来的几千张少女形象。他的插画就来自这些"收为养女的"（麦格雷戈语）少女剪贴画。

　　达格开始使用拼贴画技法，构造复杂的战争场景。他的拼贴画通常极其详细而复杂，有时甚至过于精细，在照片中几乎无法识别。这项工作往往伴随着巨大的困难，因为从杂志剪下的人、马等照片尺寸不合适。但在1944年，达格发现了新的拼贴画技法。他将人、马、建筑等图像带到附近一家百货店的照相摄影柜台制作底片，

图 7 达格 狂风呼啸（部分）

©1999 Kiyoko Lerner. 版权所有

并要求将底片扩印成 11 英尺 × 14 英尺 * 大小。能够制作副本之后，尺寸就变得容易控制。另外，通过对其进行描摹，就可以完成比较单纯的大型制图，再将描摹好的少女形象，谨慎地配置在画面中。他的画中经常反复出现仿佛描摹自同一张图的少女形象，这种反复提升了独特的韵律效果。

然而，达格若是愿意，也能画出极其美丽的风景，如预示着暴风雨的乌云、炸弹轰炸的荒凉战场、硕大花朵竞相绽放的庭园，等等。他的水彩画尤其充满了抒情色彩，这是达格绘画的最大魅力之一。当他用那种淡淡的笔触描绘时，就连极其残酷的战斗场面，也带上了神话般的崇高感。这样的效果已无关技法，只有基于"绘画能抵抗现实"的朴素信念才可能实现。

是病理，还是倒错？——以"蛰居"为视角

根据麦格雷戈的说法，他向精神科医生询问对达格的诊断，他们都声称达格的病是他本身的"特殊性"所致。至于正确的诊断到底是什么，则众说纷纭。被列为诊断候选的病名有：自闭症、阿斯伯格综合征（又称高功能自闭症）、多重人格障碍（准确说是"分离性身份障

---

* 1 英尺约为 30.48 厘米。

碍")*、妥瑞氏综合征†（伴有抽搐、骂脏话等症状）、多写症（过度书写：书写大量文章的症状）‡，以及其他神经障碍等。但根据我的临床学知识来看，首先达格并不属于自闭症。另外，我想特别提醒大家注意的是，"多重人格"在此被列入候选，其根据之一来自如下这段轶闻：房东内森·勒纳说，达格曾和一个来访的虚构客人长时间交谈，甚至发挥其模仿能力，表演两人的对话。他时而模仿尖锐的女性音色和粗暴的男性声音，时而独自一人放声歌唱。如果这不意味着他在经历某种幻觉，那么怀疑他患有多重人格障碍或许就是恰当的。但我对这个诊断持不同意见，因为所谓的"多重人格"，丝毫没有影响达格的人际关系。多重人格可能完全不影响人际关系吗？何况，达格有意在不同场合展现不同面貌，这就离多重人格更远了。

因此，现如今关于达格只能提出一个否定性的观点，那就是他患有精神病的可能性很低。即使达格确实罹患多重人格障碍，那也只能说明他适应这种病症并加以利用，更多的议论几乎没有意义。至于自闭症，我要提一句，达格在一些方面表现出了"恐惧社会"或"恐惧他人"的征候，这些征候在自闭症儿童身上是看不到的。自闭症儿童的自

---

* 分离性身份障碍（DID），以往被称为多重人格障碍（MPD），患者显示出两种或多种不同的身份或人格状态，这些不同身份或人格交替控制着患者行为。

† 妥瑞氏综合征，也称吐雷氏综合征，患者会不由自主地抽搐、多动，多伴有注意力缺陷过动症。

‡ 多写症（Hypergraphia），癫痫病人的一种并发症，患者有持续而旺盛的书写冲动。

闭，并非有意避开他人，而单纯是对人极度缺乏兴趣。

如果暂且不论诊断的争议，先讨论达格的性，那么相关材料着实丰富多彩。他的故事中，当然没有直白的性描写，顶多只有少年与少女的恋爱，以及轻描淡写的亲吻。根据麦格雷戈的说法，达格的描写中最性感的一面，淋漓尽致地体现在他对暴力的描写之中。比如在以下这个场面中，他写道：

> 情绪激昂的格兰丁利尼亚暴徒，陆续朝着紫罗兰和她姐妹们的牢房汇集而来。率领暴徒的旗帜是六个漂亮婴儿的头部和四分五裂的身体，肠子从腹部溅出，各个都被枪尖刺穿，鲜血淋漓。
>
> 暴徒把孩子们的头部压在少女们的膝盖上，命令她们用铅笔画下来。少女们害怕得要命，但还是觉得最好照做。当她们的双手获得自由，拿到铅笔和纸之后，就开始画瘆人的身体和头部。她们本就擅长画画，所以完成得尽善尽美。

没错，这种针对女孩的暴虐行为，似乎是极端虐待狂冲动的表现。或许，达格确实一生都保持童贞，但他真的像有些评论者所指出的那样，不知道男女身体的差异吗？对此，我深表怀疑。如果从根本上不知道性别差异，就不可能产生任何欲望。从这一点上看，达格在精神分析意义上也是个极其有趣的案例。他明显知道性别差异，但同时，他不太清楚性别差异的根据所在。这难道不是一种"否认"的病理吗？

达格对成熟的拒绝，可以看成对阉割的拒绝，也即否认阉割。他一直都是个真正意义上的孩子。在自传的一节中，他喃喃自语道："你信吗？我和其他孩子不一样，无比厌恶终将长大成人这件事。我不想长大成人。我想永远做个孩子，现在却成了腿脚不好使的老东西。怎么会这样呢？"达格一生都保持着青春期的情感。在生活中，他被完全剥夺了认识重要他者的机会，毫无"成长"或"成熟"之类的希望。

众所周知，"否认阉割"是各种性倒错的源泉。那么，达格是倒错者吗？诚然，他的故事充斥着多得不能再多的倒错迹象。但他的实际生活呢？刘易斯·卡罗尔*也曾涉足恋童癖的故事，在"实践"†中也乐此不疲；相比之下，达格的倒错就小巫见大巫了。看起来，他所爱的只是收集而来的少女剪贴画，以及自己创作的故事中的少女。唯一的例外，是达格曾动过实际收养孩子的念头，但事与愿违，他未能取得成为养父的资格。这件事引起了达格对神的愤怒。这段轶闻究竟是否应该解读为倒错的迹象呢？这并非不可能，但我不认为这件事有什么特别的意义。

我还是觉得，达格的适应不良也好，创造性也好，

---

* 刘易斯·卡罗尔（Lewis Carroll，1832—1898），英国作家、数学家，著有小说《爱丽丝梦游仙境》。

† 据说刘易斯·卡罗尔有恋童癖。在牛津大学任教期间，他爱上了院长的四岁女儿爱丽丝·利德尔，并为她拍摄大量照片，《爱丽丝梦游仙境》就是以她为原型创作的小说。

都源于他的青春期心性。因此，问题在于，达格为何能够完好地保存青春期心性呢？他的收藏癖和创作行为一样，都体现了极其显著的强迫倾向。又或者，他的信仰中混杂着魔法般的神秘要素，无法仅用虔诚的基督信仰说明清楚。我想，这些倾向都可以从"青春期延长化"这个视角进行解释，而使"延长化"成为可能的，难道不正是达格那彻底的孤独吗？

达格显然渴望人际关系，但终究无法拥有。如果能从他的生活中看出某种病理性，那就是刚才提到的"恐惧人类""恐惧社会"的倾向。从幼年期到少年期，过于严酷的人际环境带给他那种症状，也不足为奇。而且，因恐惧社会而导致的这种"蛰居"状态，在他妥善保存青春期这件事上扮演着决定性的角色。如前面提到的，"蛰居"并非"自闭症"，而是极度渴望人际关系，却因害怕被拒绝而将自己孤立起来的状态。另一方面，"自闭症"则多对人际关系毫无兴趣，因此他们只是表面上孤独而已。再补充一点，我们已经知道，自闭症的发病源于脑部的实质性障碍。当然，不能否认达格患有某些智力障碍的可能性，但即使有也很轻微。在恶劣的成长环境下，这样的障碍是有可能发生的。因此，我推测，达格的"障碍"几乎是心因性的，也就是说，可以从成长经历、创伤体验来解释其产生的原因。进一步说，在某些"环境"下，发生在达格身上的事情，也可能发生在我们身上——虽然其中加入了我身为一名临床医师的判断。简言之，我认为达格也是神经症者。

让我们回到"蛰居"的话题。根据个人经验再做一些补充，这种蛰居状态具有成瘾性，持续到一定程度，就会变得几乎无力自拔。另外，蛰居状态也容易成为各种病理的温床，导致解离、分裂，或者投射*等防御机制失控，引发各种症状。事实上，从达格身上看到的各种类似"症状"的东西，都可以通过这个机理来解释。没错，就连他的"异世界"，都有充分余地作为一种症状加以探讨。

达格的"王国"，很可能源自他青春期的性幻想。这种幻想的发展看起来几乎是带着某种自律性†。换言之，达格并不是努力构想了一个"王国"。或许，他只想作为一名忠实的记录者，去描写、去记述那个已经存在的世界。我们认为，达格的"蛰居"状态使得这项工作持续超过六十年。麦格雷戈也指出，或许正是因为这项工作是在秘密中进行的，才发挥出了如此强大的持续力。秘密的维持，正是靠着"蛰居"才得以实现。

他的创作还时常背离其自身的意图。比如，1912年，达格弄丢了一张孩子的照片。他称这名孩子为"阿尼·阿龙堡"，是诱拐事件的牺牲者。兴许是孩子的照片与亡妹的形象重叠在了一起，总之他为取回照片而倾尽全力。他筑祭坛，望弥撒，谨言慎行——但终究事与

---

* 投射（Projection），精神分析术语，把内心难以抑制的冲动、情感、想法等归结于外部对象的一种心理防御机制。

† 自律性，此指事物从有用性中解放出来，与一切生活实践脱离关系而仅以其自身为目的的性质。

愿违。达格愤怒至极，开始威胁不听他祈祷的天神。与此同时，故事的走向开始发生巨变。战斗变得更加激烈，薇薇安少女遭受拷问。达格本是孩子们的守护者，最终却脱离天主教会，加入故事中的格兰丁利尼亚军队。这是将虚实混为一谈吗？总之，王国充满了残酷性。达格在写下面这段话的时候，该是在何处划分现实与虚构界限的呢？

> 我是基督教大义的敌人，真心希望基督军被击溃。让格兰丁利尼亚人在战争中获胜吧！这是对太多不正当考验的报应。无论如何，我都不会原谅他们，即使失去自己的灵魂，或失去大量的群众。只要考验继续，我就复仇到底！神欺我太甚！无论是为了谁，我都无法再忍受下去！要送我去地狱就送去吧！我只属于我自己。

于是，数万名儿童奴隶被施以酷刑，被吊死，被焚烧，被绞首，被切腹，甚至被剁碎，内脏的碎片和血液将道路化为一片血海。据说，这样的描写多达几百页。

随着战争白热化，不知为何连大自然都开始参与杀戮——暴风雨、地震、不明原因的火山爆发、大洪水、森林火灾等天地异变，给各个地方带来破坏性的影响。大地被洪水淹没，丘陵与森林一齐被火海包围。

"残骸剧烈地燃烧着，那是唯一的光明。当火焰不再燃烧之时，一切沉入完全的黑暗，只有空中还能看到红色的光辉。"达格怀着异常的热情描写森林熊熊燃烧的景象。麦格雷戈指出，其中甚至能感受到性暗示。"火海不断扩大，像狂野的旋风一般突进，这是咆哮、奔腾的火海。现在，它俨然成了火海之云，扩大至几百几千英尺，被一股异常强劲的风推动着，这风仿佛因大火的热量而产生。那是最恐怖的烈焰飓风，规模非同寻常，恐怖如斯，令人瞠目结舌！"

根据上述引文可以推断，达格的文章非常具有视觉性。不少段落似乎是如实描述了自己幻视中的景象。我在这里提示一下，他可能是"拥有遗觉象的人"*，也就是遗觉象能力者。具备这种能力的人拥有明确的视觉形象，以及对其进行加工处理的能力。很多小孩拥有这种能力，但随着成长会弱化。在此，达格的"蛰居"便具有如下意义：他的青春期因"蛰居"而延长，这让他能够完好地保存遗觉象能力。

而且，通过照片扩印等视觉媒体的操作，这种能力可能得到进一步完善。使这一连串过程成为可能的，是他的作品世界，一个自律的真实空间，换言之，就是一个自律欲望的经济空间。这个过程也适用于一般的神经症者，在特定情况下，他们会将幻想视为创造的动因。

---

* 遗觉象（eidetic image），又称"遗觉表象""摄影记忆"等，是指刺激停止后头脑中仍然保持一种逼真的记忆表象，亦指这种能力，比如看到一闪而过的风景，能够照原样把风景细致描绘出来。人在幼年时期往往具备这种能力，极少数人在青春期后还拥有遗觉象。

此时，遗觉象恰恰在表象之外发挥作用，也即通过自恋的回路，反复激活幻想。我们不能将达格视为精神病人，说到底，他和我们一样都是神经症者。从这个立场出发，我们不能不看到，他的青春期心性与媒体环境之间有着一种生产性的耦合。至此，将达格与现代日本"御宅"联系起来看的问题意识，才有了根据。

那么，我再问一遍：为何少女们要战斗呢？战斗美少女群体，这个形象的普遍性产生自哪里？现在我确信，前面提到的"耦合"，正是她们几乎必然生成的原因。在检验其根据之前，我打算先尝试进行一些"临床式的迂回"。没错，我要去追溯战斗美少女的谱系。

本章参考文献

『芸術新潮』一九九三年十二月号「特集＝病める天才たち」新潮社、一九九三年。

斎藤環「ヘンリー・ダーガーのふぁリック・ガールズ」『ら・るな』1号、地球の子ども舎、一九九五年。

斎藤環『社会的ひきこもり──終わらない思春期』PHP新書、一九八八年。

タックマン、モーリス他編『パラレル・ヴィジョン──二十世紀のアウトサイダー・アート』淡交社、一九九三年。

MacGregor, John M., *Henry J. Darger : Dans les Royaumes de l'Irréel. Collection de l'art brut*, Lausanne, Fondazione Galleria Gottardo, Lugano, 1995.

MacGregor, John M., l'art par adoption, in *Raw Vision* 13, 1995/96.

05

战斗美少女的谱系

战斗美少女的现在

迪士尼 1998 年作品《花木兰》，是一个以中国传说中的少女"花木兰"为原型而创作的故事。该作在迪士尼历史上具有划时代意义，至少体现为以下两点：首先，正如大家已经提到的，迪士尼动画首次以东亚为舞台；其次，迪士尼故事将女主角设定为"战斗少女"。这几乎可以说是迪士尼动画的"日本动画"化，而不仅仅是"动画化"。没想到，迪士尼过去一直否认的日本动画的影响——我们当然不会忘记《狮子王》事件*——竟以这种形式暴露了出来。这让我们再次认识到一个道理："否认，就是通过否定的方式来承认。"

---

* 此指《狮子王》被质疑抄袭手冢治虫漫画《森林大帝》。

图 8　出自《花木兰》(剧场动画)

本章打算尽可能基于实证研究，来考察战斗美少女谱系及其历史。不过，这个谱系包含大量作品，这些作品以动画为中心，横跨众多领域，如真人作品、漫画作品，以及近年来流行的游戏等。如果把小品也算在里面，那也许可列出多达数百部的作品，限于篇幅终究无法将其全部网罗。但在战斗美少女的谱系中有一些主要的流派，这里只是试图粗略地勾勒出它们的轮廓。

首先，让我们来简单看看现状吧！虽然资料稍显陈旧，但现在我手头有一本1997年6月刊的《Animage》。这个老牌杂志上刊登了第十九届"动画大奖"的结果，这是该杂志每年主办的读者人气投票。接下来，让我来介绍其中的部分内容，因为这份资料反映了近年来战斗美少女的受欢迎程度，很有意思。

首先是作品类，从第一名到第十名的结果如下：

第一名《新世纪福音战士》

第二名《秀逗魔导士 NEXT》

第三名《机动战舰》

第四名《新机动战记高达 W》

第五名《美少女战士之最后的星光》

第六名《圣天空战记》

第七名《机动新世纪高达 X》

第八名《机械女神 J》

第九名《浪客剑心》

第十名《四驱兄弟：疾速奔跑！》

光看片名很难看出来，其实在这十部作品中，从第一名到第九名的九部作品都有战斗美少女（包含战队中的女兵）登场。另外，如果算上第十一名到第二十名，那么在这二十部作品中，有十六部作品都出现了战斗美少女。也就是说，在发表于1996年的具有代表性的日本动画作品中，以战斗美少女为主要角色的作品约占八成。

　　如果将"动画"这种表现手段视为同漫画、电影、电视等一样的中立媒体，那么不得不说这个结果有相当大的偏颇。在迪士尼动画中，以"战斗女主角（指字面意义上的'战斗'，而非性格上好斗）"为特色的作品，在《花木兰》出现之前，一部都没有；或者大家可以回忆一下，同一年的热门电影作品榜单，即使将范围缩小至奇幻文学，也很容易理解这种女主角是多么特殊的存在。更加不可思议的是，至今都几乎没有人对这种特异性展开批判或分析。

　　然而，战斗女主角本身在欧美并没有那么罕见。在奇幻、科幻的世界中，亚马孙女战士式的女主角经常出场。如后文所述，好莱坞电影中，也经常出现坚强的女战士。不过，和日本相比，这些作品仍属于少数，甚至就连这些少数女主角，严格说来也迥异于日本型的战斗美少女，这一点留待后文论述。

　　话说回来，这个现象并不限于动画领域。如今，在电视游戏、漫画等领域中，战斗美少女这个角色设定几乎成了套路。哦不，正如我们将会看到的那样，战斗美少女的存在遍布电视动画 * 的发展史，已经获得了其自身的普遍性。在日本国内如此普及，而在欧美圈却那么稀有——当我们考虑到媒体与欲望的相互作用时，这个对比就变得饶富趣味。这种普遍性，在进入 20 世纪 90 年代之后，似乎在不断加剧。在这里，我打算追溯战斗美少女的历史变迁，试图从中解读出以媒体为媒介的欲望的变化。

不过要注意的是，我们不可能用单一的因素或线性的因果关系，来说明战斗美少女被投射欲望的原因（假设原因是可确定的）。根据我的临床经验也可以断言，任何长期持续的现象，都不可能归结为单一的原因。即使心灵创伤能够长期持续，也必须通过反复强化，才能让它持续下去。反过来说，事故等造成的创伤体验之所以会带来持续的障碍，是因为它频繁重现，没有这样的强化作用，这种障碍就不难治愈。欲望的成因亦然。在此，我们有必要预想一下主要原因，以及反复强化这些因素的环境。

本书开头提及的冈田斗司夫，在我以评论员身份参加的朝日电视台情报节目《AXEL》（1996 年 6 月 21 日播出）上，发表了如下关于战斗美少女热潮的言论：

> 重要的不是孤军奋战的女孩有魅力，而是从一

---

* 电视动画，在电视上播放的动画，又称动画剧，俗称"番剧"。

开始就制定一个媒体组合（media mix）战略，既能拍成电影，又能制成动画、游戏。

御宅文化的根本在于性和暴力。

在男孩身上已经无法寄托梦想，只能转而从弱者的战斗中寻求净化（katharsis）。

冈田的这些言论，展现了作为亲历者的自信和说服力。尤其值得注意的是，他提到"媒体组合"的部分。如果不曾有过身为制作方的经验，那就很难想到这一点。但仅仅如此，还是很难充分理解"为何必然是少女"。"被弱者的战斗净化"这个解释亦是如此，从上述文脉来看，战斗美少女的存在并没有什么特别之处，换成老人、少年也可以。确实也有像《老人Z》这样的动画作品实例，但只能视为例外。冈田还提到"御宅的性"，这部分也很重要，但他以"性与暴力"这个多少有点老掉牙的表述来处理，就很有问题。这种一刀切的形象固然有一定说服力，但现在我们需要的是能够超越这种经验主义的"分析"视角。

不如说身为制作者的冈田坚定不移地采用了战斗美少女的形象。正如本书开头曾提到的，名作OVA《飞跃巅峰》是他基于"女孩和巨型机器人"的组合必定会受欢迎的信念而开始的策划，但制作过程显然偏离了当初的计划。结果不仅在商业上取得成功，而且诞生了一部无论就戏仿还是就故事而言都堪称一流的动画作品。在思考战斗美少女时，这个事实提出了一个极其重要的问题："半裸的女孩驾驶巨型机器人战斗会受欢迎"这个早期设定确实可能是有意为之，但值得注意的是，这里存在一个悖论，也即作品的成功可能超越或违背创作者的意图。如果脱离了战斗美少女这个表象物的独特的真实性，就无法思考这个问题。该作对于追溯战斗美少女谱系来说极其重要，因此后面会稍微详细地加以说明。

宫崎骏的《白蛇传》体验

动画作家宫崎骏称，他在高中三年级时观看的东映动画作品《白蛇传》（1958）是自己成为动画制作者的起点。他对该作中的女主角抱有一种类似恋爱的情感，这是他最初的，也是决定性的动画体验。这部作品是日本第一部正式的彩色长篇动画电影，描写了白蛇精"白娘子"和一个年轻人的悲恋。不过后来，宫崎骏称《白蛇传》本身是部劣作，没有反思的价值，而当初的恋爱情感也不过是"恋人的替代品"而已，不如说理应如此。[1]这段轶闻在各种意义上都饶富趣味。

爱上动画中的美少女——这无非表明从动画作品中发现了性。事实上，日本动画创始期的作品中，已经形成了"动画中的性表现"。另外，作品中有女主角与妨碍她恋爱的和尚斗法的场景，因此白娘子可以被列为最早

图9 出自《白蛇传》(剧场动画)

的战斗美少女。暂且不论这种"战斗少女的性"是不是
有意为之,就结果来看,它对青春期的宫崎少年产生了
那样的作用。这件事意义重大,而且是在双重意义上。

欧美圈主流动画作品中,几乎没有刻意表现性的例
子。动画可能成为性的表现手段,这本身就难以想象。
不如说,已经有一些国家对日本动画的性表现反应过度,
认为是丑事。比如在西班牙,现在甚至连宫崎骏动画都
被列为"仅限成人观看"。该视之为健全的直觉,还是日
益衰弱的国家身体所做出的一种奇妙的免疫反应呢?我
暂且保留对这个问题的看法。

无论如何请大家先记住,在日本,通过动画作品表

战斗美少女的精神分析

现性这种特殊情况，在动画史最早期就已经（至少潜在地）出现了。这个体验，以近乎创伤体验的形式，对日本动画史上最重要的作家之一产生了影响。这件事意义更加重大，因为"动画美少女"确实被当成"创伤的反复"而被一代代人持续地培养。

为何《白蛇传》对宫崎骏来说是"创伤"呢？这从宫崎谈论该作时的矛盾态度中就能明显看出。一方面，他批评该作是劣作；而另一方面，他又不断提起自己的原初体验。"我喜欢这部作品，但这部作品不行"，宫崎的这句话不正是出人意料地烙上了创伤体验的印记吗？

宫崎没有受到这个体验的直接伤害，也没有努力去忘却。也就是说，其中不存在"压抑"。因此，可能会有人质疑，将其视为创伤体验不就有点勉强？但这种质疑并不正确。尽管这是一部动画即漫画电影，但宫崎少年仍爱上了女主角。这种体验或许如梦一般甜美，但终究摆脱不了这是"被虚构强加的、身不由己的享乐"这个事实。这时，成为恋爱对象的女主角，在作为欲望对象的同时，又因为是虚构而预先包含着丧失对象的可能。而且，这种体验的创伤性，在宫崎日后的经历中表现为一种细微而又清晰的"分裂"。

宫崎骏对所谓的动画迷（他慎重地回避"御宅"一词）态度冷淡。即使在创作时，他也全然不顾动画迷的评价（他曾说"不管创作出多差的作品，都会有一定数量的动画迷"，还说"我知道动画迷会接受，所以我要为那些不是动画迷的人而创作"，等等）。正如前面提到的，宫崎骏明确说，自己爱上动画女主角只是一种替代性的满足，一个迈向成熟的阶段而已。迷恋动画女主角的青年们，一概被他当成"萝莉控"而遭抛弃。他谈论作品的立场，终究是健全的。尽管如此，宫崎骏创造的女主角（克拉丽丝 *、娜乌西卡）确实在动画的性表现方面占据着最重要的位置。宫崎骏为何会重视少女呢？虽然宫崎自己也尝试回答这个问题，但最终却变成了"这样更具真实性""这样更能投入地画"等模糊的措辞。奇妙的是，这些说辞与宫崎骏分析日本动画表现的特殊性时，那种当事人本不该具有的明晰的分析能力形成对比。我认为这种奇妙现象能够用"创伤及其反复"来解释。宫崎骏迷恋"动画美少女"，显然起因于他的创伤体验，即《白蛇传》体验。

而且，这种"创伤及其反复"至少是潜在地交织在了动画史之中。这一点在日本动画描绘的美少女谱系中体现得最为明显。通过动画作品经历创伤体验的一代人，以作品的创作来反复体验创伤，这种创伤又被下一代人继承和反复。让我们基于对这种"反复构图"的认识，来简要浏览一下日本动画史吧。

---

* 克拉丽丝，宫崎骏动画电影《鲁邦三世：卡里奥斯特罗之城》（1979）的角色。

战斗美少女的精神分析

战斗美少女简史

我参考若干资料，绘制出了一张年表，来展示20世纪60年代至90年代"战斗美少女"表现的历史（本章末）。另外，我还重点列举了"漫画、御宅文化""其他亚文化""媒体发展史"等相关动向。以下让我们根据这张年表，来简要浏览一下战斗美少女的谱系吧。

20世纪60年代相当于战斗美少女表现的"史前时代"。虽然能见到一些重要的预兆，但还看不到本书所要讨论的核心表现。在此，我先来介绍一些先驱式的作品。

首先是石之森章太郎的《赛博格009》，这部漫画从1964年开始连载于周刊杂志《少年星期天》（1968年改编为动画）。该作是最早期的科幻战队题材，也是石之森章太郎的一部代表作。在九名赛博格战士中，还有一名"女性"（法兰索娃·阿尔达努）。此后，无论是动画还是特摄，在战队题材中必有女兵参与，这个设定成了一种套路。我们暂且将这类作品命名为"一点红系"。石之森在使用战斗美少女的设定时，带着某种程度的自觉。这一点在1967年发表的作品《009—1》（后改编为真人剧）中体现得更为明显，但无论哪部作品，其中描绘的都是成熟"女性"，而非"少女"，在此意义上还是应该把这些作品看成先驱作。不过，就"发现"性与暴力的特殊组合这一点而论，石之森毫无疑问是重要作家之一。

图 10　出自《赛博格 009》（漫画）

在 1966 年开始放映的动画作品《彩虹战队罗兵》中，石之森以作者身份参与制作。该作中也出现了女型机器人莉莉。就女型机器人这一点而言，已有《铁臂阿童木》的阿兰为先例，但该作是最早的一点红系动画，因此莉莉也是动画描写女兵角色的开端。《星际迷航》等国外科幻电影中的女性队员，经常被赋予不起眼的非战斗角色，如通讯员等。与之相对，在最早期制作的日本动画、科幻战队故事中，就已经出现了女兵，显示出某种征候。莉莉虽也参与战斗，但主要职责是看护士兵。作为治愈者的战斗美少女，这个近年来也很流行的设定，其实在当时就已经完成。

其后，石之森继续为"战斗美少女题材"出力。直

　　　　　　　　　战斗美少女的精神分析

图 11 出自《彩虹战队罗兵》（电视动画）

到 20 世纪 90 年代，他还在为东映特摄幻想系列《美少女假面》等热门作品提供原作。事实上，这位作家从"战斗美少女"门类创始至今，都一直具有重大影响力。让我们记住这个特别的例子，它在这个门类中极富创造性。

1966 年，根据横山光辉原作改编的动画《魔法使莎莉》开始放映。"魔法少女系"也是一个至今仍被不断传承的独特门类。在此，我要再次强调，这个门类的流变与战斗美少女谱系具有关联。近年来爆红的作品《美少女战士》，既是战斗美少女，同时又是魔法少女，可谓"跨界之极点"。在此意义上，《魔法使莎莉》可以视为战斗美少女的另一个原点。顺便一提，该作的创作灵感来自

图12　出自《魔法使莎莉》（电视动画）

美国热门电视剧《家有仙妻》。在改编中，作者对角色进行了"从主妇到少女"的幼年化处理。当然，在儿童向动画作品中，将主角设定为少女无可厚非，但很有意思的是，该作居然从成人向电视剧中寻求儿童向番剧的模版。

1967年，电视动画《缎带骑士》开始放映。该作改编自手冢治虫的漫画原作。作品中，少女萨菲*出生时就具有两性之心，为了继承王位，她被当成王子养大，其内心纠葛成了故事的核心。然而，这部讲述男装丽人英勇战斗的作品，虽然在"战斗美少女"脉络中占据重要的地位，但可能更像是一条旁支。这部作品体现了手冢

---

* 萨菲（Sapphire），也有"蓝宝石"之意。

　　　　　　　　　　　　战斗美少女的精神分析

图 13
出自《缎带骑士》(电视动画)

治虫身为宝冢歌剧迷的嗜好。因此，该作之后与男装美少女战斗有关的作品系列都可以命名为"宝冢系"。

在可谓"动画黎明期"的年代，被手冢大师选为第三部动画的该作属于战斗美少女题材，这个事实也具有极其重要的意义。如后文所述，不仅手冢治虫，包括大友克洋、宫崎骏在内的漫画和动画大师，各自都有战斗美少女题材的代表作。这又暗示了战斗美少女这个表现门类本身的效果。

同年开始放映的动画，有改编自藤子·F·不二雄漫画原作的《小超人帕门》。在作品中，"旋风女超人"作为主角帕门的伙伴而登场。这是一部重要作品，因为"旋风女超人"或许是最早的"变身少女系"角色。平日里，

图 14　出自《小超人帕门》(电视动画)

"旋风女超人"是一位名叫"星野堇"的偶像歌手,她为日后动画中的"偶像题材"传统开了先河。这一点也不可忽视。

这一年,由 Monkey Punch* 创作的漫画《鲁邦三世》开始连载。该作创造了峰不二子这个充满魅力的战斗女主角,曾多次改编为动画,到 2000 年的现在仍在连载(虽然是由别人作画)。这个巧妙的角色设定变换了作家,跨越了媒体,无限衍生出故事的异本,令人联想到《西游

---

* Monkey Punch,日本漫画家,原名"加藤一彦"。

记》。不过，峰不二子被描绘为一名成熟的女性，更接近于"邦女郎"式的女战士谱系。该作在战斗美少女谱系中只能算是一部参考作品。

这里要来说说一点红系的真人特摄剧《赛文奥特曼》，因为其中出现了一名奥特警备队的队员"友里安奴"。当然，这个系列始终都有女性队员登场，但特别值得一提的是，由女演员菱美百合子扮演的安奴，其作为女性角色的存在感尤为突出。安奴是那些崇拜《赛文奥特曼》的少年心目中的伟大偶像，如今仍为人们津津乐道。身为一名实力派女演员，菱美百合子没有被人遗忘，其自传至今仍广为流传。她之所以能维持如此高的人气，难道不正是因为她的虚构性？没错，安奴也是一名出现于虚构空间中的、迷人的战斗美少女。

图 15
出自《赛文奥特曼》
（真人电视剧）

这一年在美国，简·方达主演的异色科幻作品《太空英雄芭芭丽娜》公映。为了打倒邪恶的化身"杜兰·杜兰"，女主角"芭芭丽娜"于宇宙之间穿行。她的战斗被描写得很性感。虽然芭芭丽娜属于女战士谱系，但其身穿战斗服的可爱英姿，成为性描写的一个形象。该作与1966年公映的《公元前一百万年》都是至今仍为人们津津乐道的名作，而后者之所以会被人们铭记，依然仅仅是因为女主角拉蔻儿·薇芝那充满女性魅力的英姿。

图 16
出自《太空英雄芭芭丽娜》
（电影）

战斗美少女的精神分析

望月昭于 1968 年开始连载的原创漫画《青春火花》，以及翌年开始放映、改编自浦野千贺子漫画原作的电视动画《排球女将》，都是排球少女们的热血运动题材，同时也算得上是战斗美少女表现的一个源流。这个系列可命名为"热血运动系"。本章开头提到的《飞跃巅峰》不仅是"热血运动系"的戏仿，而且它让少女不失"少女气质"地进行战斗，极大地拓展了表现的可能性。后文将详细论述的欧美圈的战斗女主角，为了维持人格统一，不得不在表面上牺牲女性气质。日本的战斗少女们之所以受人们喜爱，是因为她们在激战正酣时仍能展现出"柔韧""弱小""可爱"的一面。在欧美圈，我们几乎看不到这种接受的文脉。

图 17
出自《排球女将》
（电视动画）

图 18　出自《太阳王子霍尔斯的大冒险》(剧场动画)

　　同年公映的剧场动画《太阳王子霍尔斯的大冒险》由高田勋和宫崎骏两位大师参与制作，是一部具有纪念碑性质的作品。女主角"希达"虽然不是战斗美少女，但深受人们的喜爱。这部作品现在仍是一部足以举办粉丝聚会活动的名作，而这在很大程度上是因为她的存在。

　　20世纪60年代，除了石之森之外，最应该受到重视的作家是永井豪。1966年，他开始在《少年JUMP》杂志上连载《破廉耻学园》。永井还发明了作为性对象的"战斗美少女"，同时他也算是巨型机器人题材（《魔神Z》）的始祖之一。他最早的代表作《破廉耻学园》中，就已经出现了战斗美少女"柳生十兵卫"的形象。这个手持机关枪扫射的半裸美少女形象，后来在不同文脉中反反复复地出现。

永井在《甜心战士》中创造了变身少女系的战斗美少女。1973年，电视动画版播出，近年来新系列仍在连载，动画作品也在同步制作。少女"甜心"的父亲是开发了空中元素固定装置的如月博士，他被犯罪组织"豹爪"杀害，"甜心"为父报仇，与之战斗。变身过程中的全裸演出备受争议，这部作品明确意识到了少女的性。另外，据说永井的另一部杰作《恶魔人》为20世纪90年代最具轰动性的作品之一《新世纪福音战士》带来了"思想层面上的影响"。光凭这一点，或许就能看出永井作品的影响力之大。永井偶然间凭一己之力发现（发明？）了"御宅式的性"。关于这一点，与活跃于同一时期的另一位性表现大师乔治秋山＊相比，会体现得更为明显。

这里没法更深入地涉足这一问题，只能简单说一下两者最显著的差异。永井作品中确实蕴含着通过虚构之力来改变"现实"的契机，比如频繁描写主要登场人物的死亡，就显示出了这样的征候；而乔治秋山则通过绝望和断念，悖论性地肯定了"现实"，其作品常常不经意地赞扬生命，在他看来，虚构只是用来为"现实"服务的。《守财奴》是一部控告之书，而《浮浪云》则是一部缺乏故事性的箴言集，这些事实都支持上述推测。† 将永井豪与乔治秋山的分界线延长，或许就会和"御宅"与"非

＊ 乔治秋山（1943—2020），日本漫画家，原名秋山勇二。
† 《守财奴》和《浮浪云》皆为乔治秋山的漫画作品。

御宅"的分界线重合。尤其重要的一点是,在性表现方面,永井豪重视少女,而乔治秋山重视成熟。

关于永井豪20世纪70年代的作品,留待后文再行论述。

20世纪70年代,"御宅文化"的障碍几乎已被扫平。另外,战斗美少女的谱系中又加入了一些新的流派。尤其是20世纪70年代前半期,与东映黑帮电影同时上映的《女番长》系列属于一个独特的门类,值得关注。但由于它并非一般意义上的热门作品,故不再详述。这里之所以提及这个系列,是因为它开拓了性描写的新领域,为后来的《飞女刑事》等作品开了先河。

1971年放映的真人电视剧《喜欢!喜欢!!魔女老师》,讲述了守护地球人的和平监察员月光老师变身为安德洛假面,与敌人战斗的故事。尽管不是动画作品,但这里还是要举出这部作品,因为这是"战斗美少女"作为女主角登场的第一部作品。虽然少女的变身在动画《小超人帕门》《甜蜜小天使》(1969)等作品中已有描绘,但该作是第一部变身少女系的真人作品。原作是石之森章太郎的《千眼老师》,由此可见该作者的广泛影响力。另外,同年放映的动画《神奇糖》改编自手冢治虫的漫画原作。该作是一部带有性教育意图的启蒙作品,而非战斗美少女题材。少女尝了一口神奇的糖果而变身为成熟女性,这个过程直接显明了"变身"的意义。没错,所谓的"变身",无非就是"加速的成熟过程"。

图 19　出自《喜欢！喜欢！！魔女老师》(真人电视剧)

　　1972 年开始放映的电视动画《科学忍者队》，也是一部划时代的重要作品。该作的细致作画与世界观设定为过去动画作品所欠缺，对于御宅的播种发挥了重要的作用。我自己也追过这部作品，其质感明显不同于过去的动画作品。该作中，少女"白鸟纯"作为"科学忍者队"的一员参与其中，继承了一点红系的源流。她的独特之处在于擅长肉搏战，这在战队题材的女主角中是很罕见的。她用钢丝绳或手里剑杀伤敌方"银河党"队员。即使在战斗美少女题材漫长的历史长河中，如此"直接的"描写也极其罕见。另外，该作也具备了作为动画一大潮流的巨型机器人题材的雏形，是"没有出现机器人的机

图20 出自《科学忍者队》（电视动画）

器人动画"（冰川龙介 * 语）。

20世纪70年代初，战斗美少女题材大师永井豪的主要作品已全部出齐。以下试着列举几部作品：首先是1972年的《魔神Z》（已改编为动画）和《恶魔人》，1973年的《甜心战士》（已改编为动画）和《斗魔王杰克》，1974年的《穴光假面》（已改编为真人剧）等。特别值得一提的是《甜心战士》和《穴光假面》，因为在这两部作品中，战斗美少女都是主角，而且两者都有意识地去描绘战斗美少女的性。永井原本是石之森章太郎的助理，后来登上职业舞台，在能力上和石之森极其接近，

* 冰川龙介，日本动画评论员、动画编剧。

将两人放一起比较时，其确信犯*的一面愈加凸显。两人都具有科幻的素养，而且都因奇幻漫画的成功而广为人知。另外，如前所述，我不认为石之森对性方面没有自觉。尽管如此，两人在表现层面上仍有根本差异。永井的表现，甚至让石之森都觉得过分克制。比如，看看两人作品中对时间的不同描写方式就知道了。一般认为，这种时间描写的差异是漫画转化成动画时最重要的一点，我将在第6章展开详细探讨。

1973年开始放映的电视动画《网球甜心》改编自山本铃美的漫画原作。该作描写了进入网球名校的少女，在教练严格的指导下，成长为网球选手的经历，其中交织着各种爱恨情仇。该作继承了热血运动系这个系列的源流，对御宅文化造成了实质影响。比如前文多次提到的作品《飞跃巅峰》，从片名就能看出，是脱胎于该作的戏仿作品。

20世纪70年代，永井豪抵达创作巅峰。其后值得一提的是1974年开始放映的电视系列《宇宙战舰大和号》，它改编自松本零士的漫画原作。大和号的驾驶员一边与利用放射能污染地球的加米拉斯战斗，一边为了在有限时间内获得清除放射能的装置"宇宙清洗器"而前往伊斯坎达尔星。这部作品刚发布时，漫画和电视系列都不怎么受人欢迎，而1977年剧场版动画一公映，就

---

* 确信犯（又名信仰犯），即相信自己是正确的而实施犯罪的人。

图21　出自《网球甜心》（电视动画）

突然变得空前热门，创造了纪录。该作有很多地方值得探讨，比如具有说服力的设定、登场人物的复杂性格等，较之《魔神Z》更进步，也更成熟。至于该作在战斗美少女史上的贡献，则可以举出御宅市场爆炸性的扩张、一点红女兵"森雪"的存在等。士兵的身份更凸显了她的女性气质，作为一个典型，她对日后的作品持续产生重大影响。另外，该作由漫画改编为动画，再通过剧场版公映一炮走红的路数，成为当时媒体组合的一种典型

　　　　　　　　　　　　　　战斗美少女的精神分析

图 22　出自《宇宙战舰大和号》（电视动画）

手法。以这部作品为契机，动画迷圈子一下子扩大，御宅文明迎来了曙光。

没错，20 世纪 70 年代最重要的历史性转折，就是"御宅市场"的诞生和迅速扩张。首先是 1975 年，第一届同人志展销会（简称"同人展"）召开。迄今为止，同人展规模几乎呈直线扩大趋势，如今已发展为一项盛事，三天之内参展人数就超过 50 万人次。在现代日本，没有哪项活动的"集客力"能与之匹敌。

接着是 1976 年。这一年必须提及的是家用录像机的发售。根据冈田斗司夫的说法，录像机的出现为御宅史带来了重大突破。也是在同一年，日后作为动画杂志，更准确地说是动画戏仿（动画作品的戏仿）杂志而知名的《OUT》创刊。该杂志原本主要推出亚文化相关内容，而《宇宙战舰大和号》特刊则首次专门推出动画内容，这也是御宅史上的一个大事件。

1975年，改编自石之森章太郎漫画原作的电视节目《秘密战队五连者》开始放映，该作是特摄战队题材的开端。自《赛博格009》以来一度中断的一点红系战队题材的谱系，以这部作品为契机实现大复兴。此后，五人一组的战队题材在真人特摄片的框架内不断诞生新的系列。连者部队中包含一两名女性战士的构成，至今都没有变化。

同一年，电视动画《塞纳河之星》也开始放映。在宝冢系中，该作位于《缎带骑士》和《凡尔赛玫瑰》的连接线上。它讲述了假面骑士"塞纳河之星"的故事。在法国大革命前夕的巴黎，她与剥削民众的蛮横贵族展开战斗。假面骑士的真面目是一位少女，名叫西蒙娜。在设定上，她其实是法国路易十六王后玛丽·安托瓦内特的妹妹。电视动画《时间飞船》系列也在同一年开始放映，是一部非常受欢迎的喜剧作品。由少年少女组成的搭档，在不同系列中围绕不同宝物展开战斗，他们的对手是邪恶三人组，即性感女首领与两名笨蛋手下，这个组合已成为套路。少女的定位最接近一点红系。这部作品还潜在地形成了战斗美少女题材中一个定型化的对立结构，也即少女的正义与成熟女性的邪恶之间的对立。战斗美少女题材中，能频繁找到"成熟＝邪恶"的结构，我们当然会由此联想到达格所描绘的，少女与大人的战

　　　　战斗美少女的精神分析

图 23　出自《秘密战队五连者》(真人电视剧)

争这个母题。同一年，古贺新一发表的漫画《黑暗法师》是一部热门的恐怖作品，女主角是会操控黑魔法*的美少女黑井美沙。该作与其说是魔法少女系，不如说更接近后面将会出现的猎人系。继承这个系统的作品难得一见，或许正因如此，这部作品才会经久不衰，进入20世纪90年代还制成了电视剧系列和三部剧场电影。

　　1976年，和田慎二的漫画《飞女刑事》开始连载，进入80年代被改编为真人剧，大受欢迎。麻宫纱纪是传说中的飞女†，为了搜查连警察都无法出手的学校，她以印有樱花代纹‡的悠悠球为武器，与歹徒战斗。和田的漫画原作本身就主要以憧憬强大女主角的少女们为读者群体，而与御宅的性毫无关系。然而，20世纪80年代的电视剧版由斋藤由贵、南野阳子、大西结花、浅香唯等

---

* 黑魔法，即邪恶的魔法，以伤害别人为目的，与"白魔法"相对。
† 飞女，20世纪七八十年代日本的流行语，"不良少女"的俗称，意即有不良行为的女学生。
‡ 樱花代纹，指日本警视厅的五角形警徽。

图 24　出自《塞纳河之星》(电视动画)

当时的顶尖偶像主演，这使该作的地位发生巨变。原作
中的女主角是一名见义勇为的短发少女，但在电视画面
中，战斗者却变成了可爱的偶像少女，而非坚强的女性。
很有意思的是，原作中没有采用的水手服，在电视剧中
被大量使用。水手服本身兼具两性特质，而用作少女的
符号时，又具有真实化的效果。该作充分证明，可爱与
强大能够在真人剧中毫无不协调感地发生奇妙融合。让
我们将这些展现跨越性别的少女魅力的作品系列统称为
"异装系"，前文提到的宝冢系也包含在内。我之所以不
称之为"两性具有系"，是为了强调在这个系列的主角身
上，两性的性征是通过相互隐蔽的形式被表现出来的。

　　1977 年，改编自水岛新司漫画原作的电视动画《棒
球狂之诗》开始放映。该作是一部热血运动系作品，描

图 25
出自《飞女刑事》
（真人电视动画）

写了水原勇气大显身手的故事，她加入中央联盟＊排名垫底的球队东京梅斯，成为职业棒球史上第一位女性左投手。该作虽然不是特别热门，但后来也改编成电影。以少女职棒选手为设定的作品很少见（小说有梅田香子的《胜利投手》），直到1998年的电视动画《女棒甲子园》，这个门类才得到继承，此前有近二十年无人问津。

另外，请大家也注意一下当年的女子职业摔跤热潮。职业摔跤这种"表现"，本身是一个独特的运动门类，以

＊　中央联盟，日本职业棒球所属两大联盟之一，另一个是太平洋联盟。

介于虚实之间的表现为我们带来欢乐。尤其是女子职业摔跤，更是反过来利用了这个门类的虚构性而实现发展，根据本书文脉，也可以视之为异装系的表现。换言之，脱离了这种积极玩味其虚构性的姿态，女子职业摔跤不可能成为一项热门运动。不然，也就不太可能出现知名摔跤运动员活跃于演唱会和电视广告的情况了。

1978 年，电视动画《未来少年柯南》开始放映。这是一部值得铭记的经典，因为它是宫崎骏首次执导的电视动画。该作的主要登场人物，除了柯南的搭档少女拉娜之外，还有女兵孟斯莉。该作以小说原作《被遗弃的人们》² 为蓝本，但拍成动画之际，大幅降低了登场人物的年龄。有人指出，日本型主角的一个特征，就是倾向于选取青春期或青春期以前的少年和少女，而该作也沿

图 26　出自《未来少年柯南》（电视动画）

袭了这个传统。

这一年，在另一种意义上也是一个新纪元，它与接下来的1979年一起，形成御宅文化的一个高峰。首先，高桥留美子第一部主要作品《福星小子》开始在《少年星期天》杂志上连载。诸星当是一名女性缘很差的高中男生，从宇宙来访的拉姆主动送上门，成为他的老婆并和他同居，引发了各种骚动。拉姆是鬼族少女，她一生气就会用强力电击伤害对方。除此之外，该作中还出现了各种拥有特殊技能的战斗美少女。高桥在该作中开发了科幻校园恋爱喜剧这个独特门类。而且，该作在战斗美少女的谱系中，还是"日常同居异世界少女"这个设定的先驱。我将这个系列命名为"同居系"，相关代表作还有动画《外来者们》（1986）、高田裕三的

图27　出自《福星小子》（电视动画）

图28　出自《我的女神》（OVA）

漫画《三只眼》（1987）、桂正和的漫画《电影少女》（1990）、动画《天地无用》系列（1992）、藤岛康介的《我的女神》（1993）、动画《守护月天》（1998）等。

同年，首部动画专门杂志《Animage》创刊，这可以看成御宅文化兴盛的一个迹象。在此意义上，改编自松本零士漫画原作的《银河铁道999》也是一部重要作品。该作很受欢迎，后来还公映了剧场版，男主角是梦想获得机械身体的少年铁郎，女主角则是引导他的梅德尔。梅德尔也是机械帝国的公主，想要通过战斗毁灭帝国。在她身上洋溢着的，与其说是坚强和可爱，不如说是优雅的母性，这个极其独特的角色造型迷倒了众多粉丝。

1979年和1978年同为重要年份，最大的事件是电

图29　出自《银河铁道999》(电视动画)

视动画《机动战士高达》开始放映。该作为《宇宙战舰大和号》以来不断高涨的御宅文化浪潮带来了决定性的深度。在此意义上，该作堪称经典。为了保卫遭受吉恩公国攻击的白色基地，平民少年阿姆罗·雷卷入战斗。阿姆罗具备高度认识能力，被称为新人类。他操纵地球联邦的新型机动战士高达，向宿敌夏亚开战。关于接下来高达传说的庞大内容，请大家参考浩如烟海的解说书。但我想先指出一点，由于这部动画的导演富野喜幸个性过于鲜明，这种深度可能会成为日后严肃科幻动画创作的一种枷锁。尤其是质疑战斗意义的主角让人感觉无比真实，使在严肃动画中描写主角的内心纠葛成为一种必然的趋势。

　　这部属于一点红系的作品，在战斗美少女史上也具

图 30　出自《机动战士高达》（电视动画）

有极其重大的意义。该作中，主角阿姆罗·雷身边的多名女兵（玛吉露达、塞拉、拉拉等）都扮演了重要角色。男主角与战斗女主角之间爱恨情仇的这个设定也作为该系列的特征被长久继承。

必须特别强调的是富野导演对性的追求。该作描绘的女主角入浴的镜头，在粉丝间颇受欢迎，甚至有传闻说，该作是《乳霜柠檬》等成人动画被策划出来的契机。开发动画女主角的性，可能也应该被视为该作的一大功绩。

雷德利·斯科特执导的电影《异形》是一部值得纪念的作品，因为这几乎是第一部出现战斗女主角的主流科幻动作片。虽然在《星球大战》的莱娅公主等角色身上，我们已经能看到这种迹象，但是像西格妮·韦弗所扮演的蕾普莉那样既坚强又可爱的女主角，还是第一次在这类大作中担任主角。不过，续篇《异形2》更强调母性，

图31　出自《凡尔赛玫瑰》(电视动画)

而非可爱，就这一点来看，该作的女主角也只是带有某种象征意味的角色罢了。

这一年，电视动画《凡尔赛玫瑰》也开始放映。从宝冢歌剧团的上演就能知道，这部作品仍属于《缎带骑士》以来不断得到传承的宝冢系作品。故事以法国大革命为背景，中心人物是诞生于杰儿吉将军家的男装丽人奥斯卡。

众所周知，剧场动画《鲁邦三世：卡里奥斯特罗之城》公映时票房惨淡。该作被制成录像版之后，才获得越来越高的评价，甚至有人认为它是宫崎骏导演最出色的作品。制成录像版之后才成为传世名作的案例并不少，比如电影《银翼杀手》也是一例，这体现了御宅文化的滞后性。虽然该作中没有出现战斗美少女，但可以看到，居于作品核心位置的二十岁少女克蕾莉丝公主，在性格造型上和后来的娜乌西卡有相通之处。纯洁而又温柔的少女克蕾莉丝，会在无意识中发挥她的攻击性，这在开头的飙车戏中就能窥见一斑。

在中国公映的剧场动画《哪吒闹海》，也成为日本人热议的话题。中国虽然也制作了很多动画，但不少动画仍选择少年担任主角。该作亦是如此，但看一下插图就会知道，其性别被描绘得极其模糊，服装也很有设计感且雌雄莫辨，乍一看以为是少女款式。该作将性别差异暧昧模糊的青春期主角置于故事中心，这与日本动画的传统相近。

20世纪80年代，动画在前半期发展至鼎盛，而在后半期又经历了衰退。更有意思的是，无论动画是盛是衰，几乎所有重要作品中都出现了战斗美少女。首先，让我们来简要浏览一下前半期的经过。

1980年，特别值得一提的是，鸟山明的《阿拉蕾》开始在《少年JUMP》杂志上连载。该作中出现了女型机器人阿拉蕾酱。平日里，她的天真无邪引发了各种滑稽骚动，一旦她生气又会发挥出惊人的威力。从精神医学的文脉来看，这属于一种天使气质，在癫痫案例中经常见到，安永浩将其命名为"中心气质"[3]。这种性格类型，在塑造战斗美少女形象时，也成了一个重要的参考框架。后来，该作改编为电视动画而大受欢迎，它将制成机器人或赛博格的少女这个空虚主体居于中心位置，可谓开创了后面要提到的"皮格马利翁系"[4]。

这一年，大友克洋的代表作之一《童梦》开始连载。

图 32 出自《鲁邦三世：卡里奥斯特罗之城》（剧场动画）

图 33
出自《哪吒闹海》
（剧场动画）

图 34
出自《阿拉蕾》
（漫画）

众所周知，大友克洋是最重要的作家之一，他极大地改变了漫画史的发展方向。据说，漫画线条在大友之前和之后截然不同。在我个人看来，随着大友的出现而导致根本性衰退的门类是"剧画"*。因为，在大友的超现实主义†面前，剧画式的现实主义被证明不值一提。而且，大友不仅创作漫画，还制作动画作品，都获得了高度评价。

---

* 剧画，日本漫画家辰巳嘉裕所创名词，指 20 世纪 60 年代开始流行的一类漫画，画风写实，主要面向青年读者。

† 超现实主义，原本是指 20 世纪 20 年代发源于欧洲的文艺运动，强调"自动化书写"，将偶然性和无意识融入文艺作品的创作之中，打破虚实界限，追求写实与象征的结合，在这里指大友克洋的漫画，在风格上具有超现实主义的特征。

战斗美少女的精神分析

特别是受其机械设计的影响，科幻动画中的机械风景为之一变（比如后面会提到的士郎正宗）。《童梦》是大友的第一部代表作，现在也有人称它是最出色的作品。大友克洋从法国漫画艺术家墨比斯*的描线中继承了那伶俐、简洁而又致密的笔触，为其画面增添独特的动感和情绪，拥有超能力的少女就在这样的画面中进行战斗。少女似乎被设定为小学低年级以下，无意表现性。然而，选择"少女"作为主角，却让她发挥足以使高层建筑瞬间夷为废墟的"力量"，这仍带有暗示意味。当然，在战斗美少女的谱系中，《童梦》本身就是一部稍显异质的作品。若要勉强定位的话，或许可以视为"巫女系"的先驱之作，这个类别随着《风之谷》的出现而抵达巅峰。无论如何，我们都不应忽视，即使是大友这样选择西欧式描线的作家，仍然能够通过将战斗少女置于故事中心，创作出优秀作品。

事实上，该作中还能见到其他迹象与征兆。其中之一，就是对"模型宅"的描写。该角色被一名老人，即神秘事件的罪犯所操控，最终以刀自刎，这就巧妙地预见了后来被归类为"御宅"的人物类型。微胖、戴着眼镜的内向落榜生，在少女面前自杀。这样的场面描写表明，时代变化最能反映在漫画中。

这一年也见证了青年杂志创刊热潮的盛极一时。高

---

* 墨比斯（1938—2012），法国漫画家、设计师，宫崎骏、大友克洋皆受其影响。

图 35　出自《童梦》(漫画)

桥留美子的另一部代表作《相聚一刻》开始在《Big Comic Spirits》*杂志上连载。几乎在同一时期,"萝莉控漫画"热潮兴起,内山亚纪等作家在少年杂志上连载大尺度描写萝莉的漫画,受到部分读者的欢迎。她对战斗美少女的角色造型产生了深远影响,在这里记一笔。

翌年,即 1981 年,首先值得一提的是 10 月开始放映的电视动画《福星小子》。该作是战斗美少女题材电视

* 《Big Comic Spirits》,小学馆出版的青年漫画杂志,创刊于 1980 年。

系列中最重量级的热门之作，放映时间长达四年半。如前所述，其设定是有趣的科幻校园恋爱喜剧。同时，该作还确立了同居系这个特殊门类，就这一点来说也是极其重要的作品。

同年，北条司作的《猫眼三姐妹》开始在《少年JUMP》杂志上连载，大受欢迎，后改编为动画和电影。这部漫画是性感动作题材，身穿紧身衣的漂亮三姐妹，以盗贼身份大显身手。该作在定位上接近后面会出现的"猎人系"，同时还确立了少女团体共同战斗的"团队系"，就这一点来说也是很重要的作品。团队系无论从发展脉络上，还是从时间序列上看，似乎都是从一点红系中衍生出来的。美少女双人组、三人组或团体，与罪犯或者来自宇宙的怪物战斗。这个系列在20世纪80年代迎来巅峰，发展出以下这些作品：电视动画《超时空骑团南十字星》（1984）、电视动画《搞怪拍档》（1985）、OVA《无限地带23》（1985）、OVA《A子计划》（1986）、OVA《银河女战士》（1986）、漫画《逮捕令》（1986）、OVA《泡泡糖危机》（1987）、漫画《魔法阵都市》（1988）、漫画《猫眼女枪手》（1991）等。

第20届日本科幻大会是值得铭记的事件。本届大会上映的《DAICON3开幕动画》与1983年的开幕动画《DAICON4》，都被评价为"承载了御宅梦的名作"。两部短片皆由庵野秀明执导，当时的他还是一名默默无闻的业余爱好者，虽是小品，但完成度极高。艺术家村上隆也对《DAICON4》大加赞赏，认为它是代表战后日本艺术界的巅峰之作。[5]片中浓缩了当时御宅热切期盼的形象，两部作品的主角都是战斗美少女。在第一部作品中，背着红色双肩包的小女孩，为了将水送到目的地而与敌人战斗；在第二部作品中，身穿兔女郎服装的少女，徒手将巨型机器人投掷出去，乘上火箭一般的剑自由飞行。

这一年，电视动画《小麻烦千惠》也开始上映。该作改编自春木悦巳的长篇连载漫画。较之御宅，这部动画更多地吸引了学者的关注。该作描绘了以毒舌与木屐

图36　出自《猫眼三姐妹》（漫画）

图37　出自《搞怪拍档》（电视动画）

图 38　出自《A 子计划》（OVA）

图 39　出自《银河女战士》

图 40　出自《泡泡糖危机》（OVA）

图 41　出自《猫眼女枪手》（漫画）

图 42　出自《DAICON4》（剧场动画）

图 43　出自《小麻烦千惠》（剧场动画）

为武器进行战斗的少女日常，首先由高田勋导演制作成剧场动画，后改编为电视动画。因为这是笔者个人感触最深的一部作品，所以在此记上一笔，但该作在定位上与所谓的战斗美少女稍有不同。

至于角川电影《水手服与机关枪》，暂且不论剧情，它的宣传片被反复播出。在宣传片中，由药师丸博子扮演的女高中生手持机关枪进行扫射，发泄快感，这成为战斗美少女的一个形象，被人们铭记。可以说，这也是一个与异装系相关的表现。

1982 年是浪漫喜剧的全盛时期，以安达充的《棒球英豪》为开端。在此背景下，有一些重要的动向不容忽视。首先是宫崎骏的漫画《风之谷》开始在《Animage》杂志上连载，电视动画《超时空要塞》开始放映。这些作品留待后文再行论述。另外，大友克洋的代表作《阿基拉》开始在《Young Magazine》杂志上连载。

电视动画《甜甜仙子》是一部魔法少女题材的热门作品，据说该作策划的一个目标是满足御宅的萝莉控嗜好。事实上，这部作品成为戏仿同人志的绝佳素材。动画的最后一集，桃子丧失魔力而回归普通少女生活，就在那一刻，她被卡车撞死。这是一个重要的情节，因为我们能够从中了解到当时的动画制作者如何理解"虚构与现实的对立"。总之他们相信，在动画中真实描绘现实，就等同于现实的表现本身。

1983 年特别值得一提的作品，是改编自吾妻日出夫

图 44
出自《甜甜仙子》
（电视动画）

原创漫画的电视动画《妙趣小飞仙》。突然从天而降的水
手服美少女奈奈子是一名丧失记忆的超能力者。自称天
才科学家的四谷和他的同伴饭田桥企图利用她的能力谋
不义之财。奈奈子是个纯洁而又空虚的主体，应属于前
文提到的"皮格马利翁系"（同《阿拉蕾》），但该作特别
之处在于加入了性的元素。漫画家吾妻日出夫的风格有
几个核心，其中之一就是美少女的性。因此可以说，该
作是一部重要作品，它确立了皮格马利翁系战斗美少女
这个系列的正统性。此后，属于这个系列的作品有漫画
《铳梦》（1991）、OVA《万能文化猫娘》（1992）、小山
雄的漫画《少女杀手阿墨》（1994）等。

　　　　　　　　　　　　　　战斗美少女的精神分析

图 45　出自《妙趣小飞仙》（电视动画）

图 46　出自《铳梦》（漫画）

图 47　出自《万能文化猫娘》（OVA）

这一年，改编自人气漫画家江口寿史原作的电视动画《停止！！云雀君！》也开始放映。该作虽然并非战斗美少女题材，但主角是美少年，看上去完全是一个少女。少女的外表与男性的内里形成对比，效果上营造出令人头晕的真实性——这些要素可以理解为继承自异装系。等到高桥留美子的漫画《乱马½》（1987）进一步为性转增加可逆性，这个系列才宣告完成。此外，异装系的代表作还有漫画《平行少女库琳》（1982）、漫画《花之飞鸟组》（1985）、电影《V·马东娜学院大战争》（1985）、OVA《铁腕巴迪》（1986）等。

　　　　　　　　战斗美少女的精神分析

图 48
出自《停止！！云雀君！》
（漫画）

图 49　出自《乱马 $\frac{1}{2}$ 》（电视动画）

图 50
出自《铁腕巴迪》（OVA）

电视动画《足球小将》描写的是少年大空翼和他的伙伴们一同成长的故事，他梦想成为世界一流足球运动员，带领日本获得世界杯冠军。相比少年，该作反而获得了更多的女粉，进而掀起了名为耽美的创作热潮。粉丝们创办各种戏仿同人志，假设青少年登场人物之间存在虚构的恋爱关系，由此形成一个门类，即无高潮、无妙语、无意义的耽美作品。可以说，这是一个极具启发性的现象，因为它启发我们思考，对于女性御宅来说，动画的性是什么。后来的《圣斗士星矢》（1986）、《魔神坛斗士》（1988）、《勇者雷登》（1996）等以美少年团体为中心的作品，都继承自这个谱系。

虽然很难称得上是直接的贡献，但这一年也是中森明夫为"御宅"命名之年，值得铭记。

接下来的1984年是日本动画史上收获最丰，也是最值得纪念的一年。首先值得大书特书的，是3月在剧场公映的动画《风之谷》。这是由宫崎骏执导，并根据他自己的漫画原作改编而成的动画作品。这部作品似乎已经得到详尽的论述，它被视为战斗美少女题材中最重要的作品。故事的舞台，是仿佛人类最终战役的"火之七日"发生一千年后的地球。地球上的大部分地区已被有毒的腐海和居住在那里的巨型昆虫占据，人们互相争夺未受污染的土地而过活。风之谷在海风不断的吹拂下免受腐海瘴气的侵害。在这个部落中长大的公主娜乌西卡不想和腐海、昆虫们进行战斗并击退它们，而是不断探索共生之道。然而某天，一艘装载着"巨神兵（据说是曾经毁灭世界的生物）胚胎"的飞船在风之谷坠落，追随胚胎而来的多鲁美奇亚军队向风之谷发起进攻，娜乌西卡被迫卷入战争。关于这部作品的解说书已有很多种，因此这里只介绍了一下最精彩的场面。无论如何，该作不仅仅是动画史上的经典名作，还具有多方面价值。比如，对比娜乌西卡和多鲁美奇亚公主库夏娜的身世，会为我们检验战斗美少女题材的故事结构提供最重要的素材。在宫崎骏的作品中，真正以战斗美少女为女主角的作品只有该作和《幽灵公主》（1997）。这两部作品结构类似，这一点也极其耐人寻味，它们不同于先前论及的

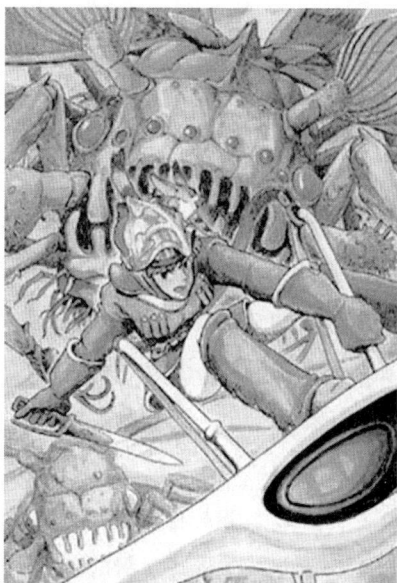

图 51
出自《风之谷》
（剧场动画）

任何一个系列，而是具有特殊地位。女主角娜乌西卡和珊，皆为两个不同世界的媒介。娜乌西卡是人类世界和腐海的媒介，而珊则象征着文明与森林的对立。她们的定位正是巫女，因为居于巫女的位置，她们不得不进行战斗。让我们把这个作品系列称为"巫女系"吧！被视为其始祖的，自然就是圣女贞德。另外，达格所描绘的少女们也可以定位于巫女系。相关的女主角还有剧场动画《太阳王子霍尔斯的大冒险》（1968）中的希达、前面出现的漫画《童梦》（1980）中的少女悦子等，虽然作品数量不多，但可以视为战斗美少女谱系中最重要的一个系列。

同年公映的剧场动画《超时空要塞·可曾记得爱》被人们铭记，因为它是动画史上第一部由动画迷亲手制作的作品。该作在一点红系巨型机器人题材这个基本设定上，加入了基于科幻考证的、精细的机械描写，以及围绕美少女偶像的爱情故事等，近年来甚至出了续篇和游戏，人气火爆。该作中的女主角、偶像歌手少女林明美被安排在了一个重要的地位上——通过歌声击退敌人。

重要动画导演之一押井守发表了他的第一部代表作：剧场动画《福星小子2：绮丽梦中人》。该作堪称日本动画史上最重要的一部作品。在战斗美少女史上，它却成了该导演与动画式战斗美少女诀别的作品。

OVA《乳霜柠檬》系列是最早的原创光盘动画，也就是只通过录像形式发行的动画作品。成人向动画作品

图 52　出自《超时空要塞·可曾记得爱》（剧场动画）

这个门类甚至比战斗美少女更具日本特色，后来它的市场迅速扩大。我之所以在这里举出这部作品，不仅是因为它明确以御宅的性为目标，也是因为系列中的《超次元传说拉尔》和《POP CHASER》描绘了少女的战斗和性交。由此可见，成人向动画这个特殊门类最早也受到来自战斗美少女的支持。

　　这样就好理解，为何在电视上难以放映的成人动画却支撑起了原创光盘动画（OVA）的创始期。但随后，OVA 这个门类本身也扩大了市场，尤其对于动画而言，发展到最后，情况发生了颠倒：动画只有等到录像化之后才算是决定版。这个过程作为"媒体形式规定作品内

图 53　出自《幻梦战记莉达》（OVA）

"容"的典型案例，也是很有意思的。

　　1985 年发售的《幻梦战记莉达》，也是支撑起 OVA 最早期的热门作品。虽是小品，但普通女高中生突然被召唤到异世界，变成战士进行战斗的基本设定，成为美少女战士题材的一个故事套路，反复出现于《美少女战士》等多部作品。这个系列留待后文再行论述。

　　这一年发表的 OVA《梦猎人丽梦》、士郎正宗的漫画《苹果核战记》（后改编为动画）等，都属于猎人系。它是对一类美少女主角的总称，她们肩负特定任务，或为赚取赏金等明确目的而战，其源头可追溯至前面提到的电影《太空英雄芭芭丽娜》(1967)。《鲁邦三世》(1967) 中的女主角峰不二子也属于这个系列。原本，这个领域带有较强的女战士性质，但在20世纪80年代以后，以美少女为主角的猎人系逐渐压倒性地成为主流。这类作品还有电视动画《GS美神》(1993)、OV(原创录影带)《伊利亚：杰拉姆》(1991)、OVA《魔物猎人妖子》(1991)、电视动画《秀逗魔导士》(1995)、OVA《海底娇娃蓝华》(1997)、电视动画《猫·狐·警探》(1997) 等。这个系列的特异性不强，这里只列举一些代表作。

图 54 出自《梦猎人丽梦》(OVA)

图 55 出自《苹果核战记》

图 56　出自《GS 美神》（电视动画）

图 57　出自《伊利亚：杰拉姆》（电影）

图 58　出自《秀逗魔导士》（电视动画）

图 59　出自《柔道少女》（电视动画）

　　1986 年，浦泽直树的漫画《柔道少女》开始连载。它讲述了以世界冠军为目标的柔道天才少女的故事，受到大众欢迎，还拥有较高的社会认可度，"柔"甚至成为现实中柔道选手的绰号*。该作首先改编为动画作品放映，后又改编为电影，由偶像浅香唯主演。原本以球技为主体的热血运动系，自该作之后几乎都转变为以格斗技为主体。

　　20 世纪 80 年代后半期也是动画衰退的时代。大量动画杂志相继停刊，缺乏大热动画作品的状况一直持续。

----

* 《柔道少女》原名为『YAWARA！』，取自主角名字猪熊柔中的"柔"（读作 Yawara）
　一字。

但在这种颓势之中，战斗美少女存活了下来。

1987 年，剧场动画《王立宇宙军：欧尼亚米斯之翼》公映。该作并没有出现战斗美少女，那为何要在这里提及呢？原因正在于战斗美少女的缺席。

日后凭借《新世纪福音战士》风靡一时的制作团体 GAINAX，最初是大阪附近的业余学生们为创作这部作品 * 而创建的公司。当时，年仅 24 岁的山贺博之担任编剧和导演，投入大量预算和人员，才完成了这部杰作。该作基于绵密细致的世界设定和考证，描绘了以火箭飞行员为目标的少年所经历的挫折与成长，非常感人。然而，该作并没有因为评价高而热卖。参与策划的冈田斗司夫自己分析出其中一个主要原因，简单说就是"既没有出现机器人，又没有出现美少女"，而第二年的 OVA 热门作品《飞跃巅峰》正是反其道而行之。

这一年，荒木飞吕彦的代表作《JOJO 的奇妙冒险》开始连载。该作也同样没有出现战斗美少女，提及这部名作是出于我个人偏好。以前，我在《Eureka》杂志上采访过荒木，当时弄清楚了很多有意思的事情。[6]首先一点是，荒木有意排除御宅元素。如今，连载荒木漫画的杂志《少年 JUMP》包含多种类型的作品，比如儿童向、成人向、一般向等，但他特别排斥御宅向的画风，认为那种画风单调乏味。或许正因如此，他的作品中几乎不

---

* 此指上文提到的动画《王立宇宙军：欧尼亚米斯之翼》。

出现战斗美少女。荒木喜爱电影、小说、摇滚乐，而这些都不是御宅所擅长的领域。

正如《JoJo6045》等作品所展现的，荒木的画风相当出色，甚至令人陶醉，即使作为插图作品也具有欣赏价值。荒木意欲将所有观念可视化。据我所知，为了实现这个目的，他在主流作品中运用了漫画史上最复杂的透视技法和视角变换，创作出一种奇妙的漫画。但光凭这一点无法维持漫画的真实性。如下一章所述，战斗美少女题材将少女的性置于"真实"的核心，那么，荒木漫画的核心是什么呢？

要论对荒木影响较大的作家，可以举出梶原一骑这个名字。也许有些令人意外，但荒木的漫画在台词和情绪表现上确实能见到梶原作品的影子。没错，荒木有意识地置于作品核心的要素，正是来自梶原作品的情绪表现和感染力。乍一看，该作像是怪异的传奇故事，但荒木的作者意识，使其成为少年漫画的王道。他的作品明确否定了后面将会提到的动画作品《新世纪福音战士》，运用古典技法极力突出情绪描写，旨在回避动画中常见的自我意识纠葛。

不能忽视的是，事实上荒木自己也创作过《神奇的艾琳》（1985）这样的小品。这个故事属于典型的变身少女系：有着不幸成长经历的纯洁少女（她丧失了记忆！），为了保护一位愿意和她做朋友的男性，通过化妆变身为性感女战士，一边念出决胜台词，一边开始战斗，并以"死亡妆容"击败敌人（通常是成年女性妖怪）。她在变身场景中发出的声音，准确地道出了变身在这个系列中的意义。没错，"少女的变身"——通常以裸体剪影的形式呈现——说到底必须表现为一种性暗示。诚然，非动画式的画风制造了一部令人耳目一新的佳作，但据说荒木通过这部作品领悟到"自己画不来女孩子"，这一觉悟意义重大。我们要记住，动画表现不单纯是画风问题，也可能是根据作者的偏好而确立的。

或许，就算不是优秀的电影观众或小说读者，也能创作出优秀的电影或小说。比如，电影导演北野武和小说家中原昌也的创造性，甚至看起来是建立在他们对电影、小说的历史乃至发展脉络的无知之上。但是，不了解动画传统或发展脉络的非御宅作家，绝不可能创作出优质的动画作品。作为一名动画作家，必须拥有忍受，甚至偏爱这个平凡世界的才能。而且，培养这种才能的关键，就在于"萌"上动画的行为。正如宫崎骏所指出的，喜爱动画即喜爱（萌上）动画的美少女。作为创伤体验的"萌"成为动画作者诞生的契机，下一代粉丝又会萌上他所创造的女主角。我几乎确信，这种作为创伤的"萌"的连锁，构成了今日动画文化的潜流。

前文已经多次提到 GAINAX 制作的 OVA《飞跃巅峰》（1988）。虽然很难称得上一部大热之作，但它仍属于重要作品，因为其中蕴含了当时"御宅"的自我意识和 20 世纪 90 年代的征兆。愣头愣脑的宇宙高中生高屋法子，被发现具有驾驶巨型机器人钢巴斯塔的天分。她忍受着教练严格的训练指导，成长为能够独当一面的驾驶员。基本故事是一点红系，也即巨型机器人的设定与热血动画系的故事线相结合的产物，为20世纪90年代盛极一时的混合系之先锋。女主角是一个可爱少女，充分继承了喜剧的文脉，缺乏通常意义上的攻击性。相反，她的搭档被赋予成熟稳重的母性气质，而她的对手则被设定为优秀且好战的女性。没错，她们正是"菲勒斯母亲"。总之，她们驾驶钢巴斯塔，击败巨型宇宙怪兽，使地球免遭毁灭。

图60　出自《飞跃巅峰》（OVA）

如前所述，《飞跃巅峰》是在 GAINAX 前作《欧尼亚米斯之翼》票房失败的背景下制作的。《欧尼亚米斯之翼》过分严格地追求电影式的真实，而排除了巨型机器人和作为动画亮点的美少女主角。这是失败的部分原因，他们在绝望中推倒重来，反而创造了一部"宅度"极高的名作。这部作品极度强化并浓缩了动画的文脉，淋漓尽致地发挥了御宅的创造性。这就形成了一种典型构图，即由御宅式的虚无主义反转为创造性狂热。

也许，在策划阶段确实是"美少女""巨型机器人""宇宙怪兽"的三题故事 *。也许，他们觉得"接下来只要塞入御宅会喜欢的戏仿和细节，就能卖得不错"。然而，后来的发展超出了策划阶段的意图。从中能够窥见，战斗美少女这个形象超越单纯的欲望客体，如缪斯一般瞬间触发创作的灵感。

事实上，这部作品还有一个重要意义。该作的出现标志着动画中的战斗美少女谱系几乎完成了。至此，我已经提到了属于这个谱系的十三个系列，该作之后，至今尚未出现全新的作品系列。我将本章中提到的作品按系列进行分类，制成一览表，供大家参考（见本章末）。一看就知道，20 世纪 90 年代以后的主要作品都是混合系，建立于对过去系列的引用、戏仿乃至致敬。GAINAX 的相关人员现在仍奋战在行业的最前线，这或

---

* 三题故事，落语的一种形式，根据观众提出的三个词语串成一个故事，进行即兴表演。

许也是源于他们对这种状况的先见之明。

此外，20世纪80年代后半期的主要作品还有大友克洋原创、执导的剧场动画《阿基拉》（1988），该作率先在美国掀起日本动画热潮；还有结城正美原创、押井守执导的剧场动画《机动警察》（1989）。这两部作品都属于一点红系，但在战斗美少女谱系中并不是特别重要。另外，宫崎骏的剧场动画《魔女宅急便》（1989）虽然不是战斗美少女题材，但仍是一部重要作品，因为该作描写的不是魔法的运用，而是魔法的学习和女主角琪琪的成长过程。这些都是经常被过去魔法少女题材排除的描写。没错，原来的魔法少女通过变身重复成熟与退化的过程，最终并没有实现本质性的成长。在此意义上，该作属于魔法少女系的异端。

图61 出自《阿基拉》（剧场动画）

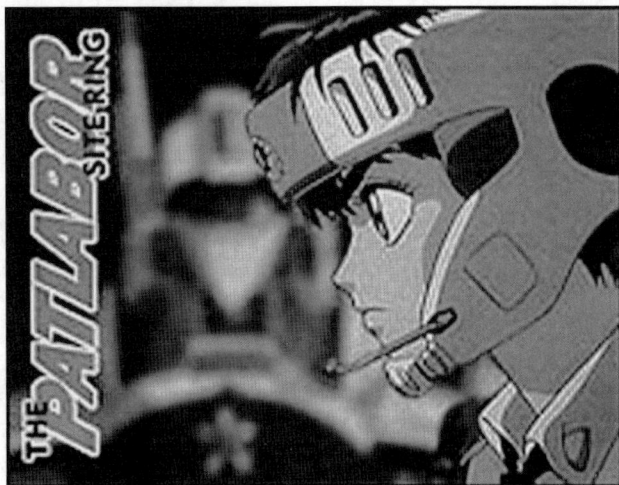

图62　出自《机动警察》（剧场动画）

　　在人们的记忆中，20世纪90年代是动画复兴的时代。如果说，代表20世纪90年代前半期的是《美少女战士》这部不仅在日本国内，而且在国际上都取得成功的作品，那么代表20世纪90年代后半期的作品则可以举出《新世纪福音战士》，这应该不会有什么异议。此外还有多部佳作问世，可见动画行业恢复了20世纪80年代前半期的生机活力。经济泡沫期的低迷与不景气下的复兴之间，应该有着某种关联。总之，动画作品被大量制作出来，甚至可谓粗制滥造，战斗美少女题材也多到不可胜数，根本不可能在此将其全部网罗。

　　御宅史上的一个重要事件，就是动画《福星小子》

全集镭射影碟*在 1990 年的发售。一套 50 张镭射影碟，收录了电视系列共 218 集，尽管价格不菲，但还是很畅销，全集镭射影碟这种商品形态此后得到确立。据说，在镭射影碟的用户中，御宅占了大多数，这个事件确实使御宅产生了一种对于镭射影碟的情结。媒体进化的现场与战斗美少女相关，这种情况并不稀奇，这里记下的是其中最具象征性的事件。

不仅如此，媒体的多样化更是推进了媒体组合的发展。其中，还出现了像《天地无用》系列（1992）那样，改编成小说、游戏、广播剧等，几乎称霸全领域的作品。尤其是 1994 年发售的游戏主机"世嘉土星"和"Play Station"，在动画作品的媒体组合战略方面开辟了新纪元。此后，游戏作品中也开始大量起用动画角色。诚然，游戏机功能的提升是一个原因，但起到决定性作用的，是光盘的使用大幅提高了声音数据的处理能力。借此，游戏软件很容易导入声优的声音，在声优热潮的推动下，这个门类一下子得到扩张。《新世纪福音战士》《机动战舰》《秀逗魔导士》《爆走猎人》等热门作品迅速改编成了游戏。另外，像《樱花大战》（1996）、OVA《大运动会》（1996）那样，反过来将热门游戏作品改编成动画作品的例子也不少见。

关于媒体组合，还有一点特别值得一提，就是"动

---

* 镭射影碟（LD），流行于 20 世纪八九十年代的影像储存媒体，现为 DVD、BD 所取代。

图 63　出自《天地无用·魉皇鬼》(OVA)

图 64　出自《樱花大战》(游戏)

画改编音乐剧"这一门类的开发。最早改编成音乐剧的是《美少女战士》,后来这一做法又在《小红帽恰恰》《莉莉佳SOS》等作品中得到继承,而为热门游戏《樱花大战》配音的声优,甚至亲自出演音乐剧。

至于日本以外接受状况的变化,已有《阿基拉》这样在美国受人顶礼膜拜的作品,20世纪90年代又诞生了大量能跻身主流作品行列的大热之作,比如1994年电视剧《超凡战队》在美国爆红。这部作品在日本发表时的片名是《恐龙战队兽连者》,后来起用美国演员进行重制,战队中包含两名女兵,属于一点红系作品。青少年、女性、少数派女主角 * 都能大显身手的电视剧是极其罕见的。1996年,士郎正宗原创、押井守执导的剧场动画《攻壳机动队》(1995)获得了美国杂志《公告牌》销售录像版块的第一名,对该作在日本的评价起到了决定性的影响。1997年,宫崎骏执导的《幽灵公主》刷新了日本电影票房纪录,并于1999年在全美公映。尽管由于部分描写过于残酷,被列为PG-13级(可能包含不适合13岁以下儿童观看的内容,需要家长注意)而未能大热,但多数影评人都对其赞不绝口。与《幽灵公主》同期公映的剧场动画《宝可梦:超梦的逆袭》获得了全美票房第一名,成为在美国公映的日本电影中最热门的作品。

---

* 少数派(minority),即在某个集团中的小众群体。这些集团包括宗教、种族、性别等,往往因人数较少而遭受社会歧视。有"少数派女主角"登场的作品,通常以宗教、种族、性别等集团中的少数者为题材,展现其生存境遇,探讨社会问题。

正如前面提到的，20世纪90年代，战斗美少女作品没有产生新的系列，主要是现有系列的扩展，以及混合系，也即系列之间交叉融合式的表现。GAINAX制作、庵野秀明编剧的电视动画《蓝宝石之谜》（1990）也是其中之一。这是一个冒险谭，少女娜汀亚与少年约翰一起踏上自我探寻之旅，其间又与觊觎娜汀亚所持宝石"蓝色之水"的神秘组织相抗争。该作在策划阶段参考了宫崎骏的《天空之城》，结果却变成了一部趣味相当不同的作品。娜汀亚不一定属于战斗美少女，但对于思考少女在动画中的位置来说，也是一位重要的女主角。无论是魔法少女系，还是巫女系，动画中的"少女"经常被置于催化剂的位置，触发某些生成变化。少女娜汀亚"探

图65　出自《蓝宝石之谜》（电视动画）

寻自我起源"的设定也是通过其存在的空虚性引出整个故事，并从中产生一种悖论性的真实。这种结构，或许也普遍存在于其他诸多战斗美少女作品中。

作为变身少女系的代表作，这里要举出的是电视剧《美少女假面》(1990)。在某些观众群体中拥有狂热粉丝的浦泽义雄担任这部特摄喜剧的编剧，该系列还有同为东映特摄系列的真人作品《言出必行三姐妹》(1993)。高二学生村上佑子受神明委托，守护町内和平。为此，她通过咒语变身，与敌人战斗。该作无论在御宅圈，还是在行业内都很受欢迎。女演员花岛优子所出演的普特

图 66
《美少女假面》
（真人电视剧）

琳，也时常出现于其他电视台的综艺节目和杂志写真集。在提到《赛文奥特曼》的安奴时我曾指出，因出演特摄作品而成名的女主角，可能无法再恢复女演员身份。出演普特琳的花岛优子，也同样随着节目的结束而被人遗忘。很多知名女演员要把过去出演的特摄作品从履历中抹除，也是无意识中为了避免遭受这种影响吧。

自《柔道少女》之后，热血运动系的主流变成了格斗技题材。比如，漫画《娇娃夏生的危机》（1990）的

图 67　出自《娇娃夏生的危机》（OVA）

　　　　　　　　　　战斗美少女的精神分析

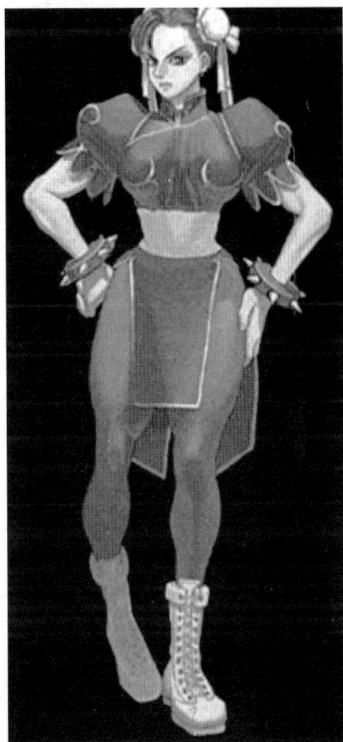

图 68
出自《街头霸王 2》
（游戏）

主题是刚柔流空手道*，动画《金属战斗者美克》（1994）的主题是新一代的女子摔跤。但不管怎么说，这个系列最大的开拓还是格斗技游戏中的战斗美少女这个表现形式。大热之作《街头霸王 2》（1991）中出现了战斗女主角春丽。另外，游戏《VR 战士》（1992）中也出现了战斗少女陈佩和莎拉·布莱恩。此外，格斗技美少女的例子还有很多，不胜枚举。这应该也可以视为媒体的发达所催生的独特产物。

1992 年 3 月，战斗美少女史上最重要的作品之一开

---

* 刚柔流空手道，空手道流派之一，由宫城长顺开创，讲究刚柔并济。

始放映，也就是"美少女战士"系列。关于这部作品，首先要提到的是它制作、发表的经过。在东映与讲谈社的合作下，月刊杂志《好朋友》的连载与动画放映同期开始。变身玩具等各种广告商品大量流通。由此可见，《美少女战士》是明确以媒体组合战略为意图而策划、制作的混合系作品。该作受到从儿童到御宅等广泛群体的支持，又有《美少女战士 R》《美少女战士 S》《美少女战士之最后的星光》等同系列多部作品推出，至 1997 年 3 月为止，放映时间长达五年之久。令人记忆犹新的是，该作也出口至欧美和亚洲各国，很受欢迎，成为具有国

图 69
出自《美少女战士》
（电视动画）

战斗美少女的精神分析

际影响力的大热之作。该作超越了动画作品的框架，发展为一种社会现象，与后文将会提到的《新世纪福音战士》并称双璧。

在这里，让我先来简单介绍一下《美少女战士》的故事。中学二年级少女月野兔偶然救助了一只名叫露娜的黑猫，却得知自己是被选中的战士。小兔从露娜那里得到一枚胸针，借助这枚胸针以及咒语，就能变身为美少女战士水兵月，获得打败妖魔的力量。后来小兔得知，同年级的四名学生也是战士，五名少女齐心协力与妖魔战斗。命悬一线之际，神秘青年燕尾服蒙面侠（实为小兔的恋人地场卫）就会现身，为她们的战斗提供支援。

"水兵月"系列，就连它的前世故事都具有相当复杂的结构。故事发展到后面会揭晓在前世，也即月亮与地球形成两个敌对势力的远古时代，各个登场人物具有何种关系。该作不仅设定复杂，而且具有极高的作者性。比如，水兵战士们就读的中学及其周边地理环境，就来自原作者武内直子所居住的麻布十番。武内有收集矿物的兴趣，故事中登场的反派角色就使用"佐伊塞特""昆茨埃特"*等矿物的名称来命名。当然，"作者性"不仅体现在这些方面。该作的人气在改编为动画之后得到飞升，而在这一过程中，多位创作者的才华也融入其中：只野和子对原作画风加以消化，转换

---

* "佐伊赛特"和"昆茨埃特"这两个名字分别意为黝帘石和紫锂辉石。

为更适合动画的风格，在角色设计中加入"萌"的要素；几原邦彦通过其独特的演出，拓展了叙述幅度；声优三石琴乃出色的表演，奠定了月野兔这个角色的形象。如果没有这些人，该作的人气就无从谈起。暂且不论这部作品成为社会现象的意义，这种多层次的作者性也对后续作品产生了重大影响。比如后面将会提到的《新世纪福音战士》，据说导演庵野秀明是《美少女战士》的粉丝，因此直接或间接地受其影响。不用说，两部作品中的声优阵容有所重复，孤独的蓝发天才少女水野亚美（别名"水手水星"）可以看成《新世纪福音战士》中

图 70
出自《爱天使传说》
（电视动画）

　　　　　　　　　　战斗美少女的精神分析

绫波丽的原型。另外，直接继承《美少女战士》的作品有电视动画《爱天使传说》（1995）。三名女中学生与恶势力战斗的故事，除去某些地方，完全就是《美少女战士》的翻版，虽然作品完成度颇高，但人气一般。

《魔法骑士》（1994）也是一部结构相当复杂的作品，这部电视动画改编自（当时）由五名女性组成的作家团体CLAMP的漫画原作。迷失于异世界锡菲罗的三名女中学生"光""海""风"被授予魔法骑士的使命，去拯救被神官谢加图幽禁的艾美诺公主。她们必须踏上旅途，去寻找能够打败敌人的巨型机器人魔神并使之复活。和

图71　出自《魔法骑士》（电视动画）

《美少女战士》一样，该作的复杂性也源自故事中错综复杂的阶层结构，在此意义上可以将其形容为"RPG（角色扮演游戏）式的作品"。另外，该作也属于20世纪90年代发展成形的"异世界召唤系"。

这个系列所讲述的，都是极其普通的少女意外闯入异世界，被迫进行战斗的故事，不如说具有古典式的奇幻文学形式。在战斗美少女的谱系中，它继承了先行作品《幻梦战记莉达》（1995）的设定，此外主要作品还有电视动画《不可思议的游戏》（1995）、电视动画《圣天空战记》（1996）等。

图 72　出自《圣天空战记》（电视动画）

　　　　　　　　　　　　　战斗美少女的精神分析

1997年是动画史上堪与1984年相匹敌的一个新纪元。首先是《幽灵公主》的公映，该作可谓宫崎骏集大成之作。故事舞台是中世日本，虾夷族末裔阿席达卡为了解除身上的邪魔神诅咒，向西旅行。途中，他遇到了达达拉城的女首领黑帽大人，以及由山犬神莫娜养大、憎恶人类的幽灵公主珊。他们的对立中，包含了文明与自然的对立这个无法还原为善恶的主题，该作承载了宫崎骏导演在积年累月中形成的各种思想。不过，无论在主题上，还是在故事结构上，该作基本上是从《风之谷》发展而来的。珊和娜乌西卡一样，都是巫女系的女主角，珊与黑帽大人的对立，完全重合于娜乌西卡与库夏娜的对立。另外值得一提的是，猪神乙事主的声优由森繁久弥出演。森繁还为《白蛇传》的主人公配过音。本章开头提到过，《白蛇传》是日本第一部长篇彩色动画电影。因此，这次的角色分配当然不可能只是个偶然。宫崎骏终究无法彻底否认这部作品带给自己的创伤，对其表露出一丝敬意。无论如何，该作具有极其复杂的构成和主题，虽然遭到部分评论家的严厉批评，却创造了日本电影史上空前的观影人数纪录。如前所述，该作从1999年10月开始在全美公映，获得了众多评论家的最高赞誉。在日本评价不高，而在国外受到盛赞，这种对比或许暗示宫崎骏在地位上逐渐接近黑泽明。无论如何，在美国的高度评价，必然会使日本人重新审视原先那些近乎严苛的批评。

图73 出自《幽灵公主》（剧场动画）

几乎在同一时期，剧场动画《新世纪福音战士 Air/真心为你》公映。故事舞台是 2015 年建造于箱根的第三新东京市，那时人们正逐渐从公元 2000 年毁灭世界的"第二次冲击"中复兴。十四岁少年碇真嗣在父亲碇源堂的命令下，加入特务机关 NERV，奉命操纵泛用人型决战兵器福音战士。其任务是在身份不明的敌人使徒来袭时，保卫东京市。然而，只有十四岁少年少女能够操纵的兵器福音战士，其真面目也充满谜团。我们知道的是，作为其中的一名驾驶员，少女绫波丽是克隆人。至于 NERV 试图实现的"人类补完计划"本身要用什么手段，企图达到什么目的，直到最后都不甚明了。虽然该作到处都是谜团，但前半部分还是维持了酣畅淋漓的机器人动画形式，因而颇受欢迎。但是进入系列后半部分，随着主人公碇真嗣的内心纠葛凸显，故事开始变得支离破碎。关于其中原委，主要的解释是作家庵野秀明与主人公的内心纠葛发生了"同步"（synchro）。

《新世纪福音战士》剧场版就是为了补全电视系列中支离破碎的结局而制作的。"第三次冲击"发生后，登场人物一个接一个地变成液体，被巨大化的绫波丽吸收而死去。危难关头，只有少年碇一人拒绝融合。然而，以孤独为代价免于一死的少年碇，却被另一名幸存者少女明日香以"真恶心"为由拒绝。

围绕这部作品已有大量的讨论，我自己也曾结合精神医学中所谓的边缘人格问题进行过论述，这里不再重复。该作对于战斗美少女史的贡献在于，它扩大了动画迷圈子，并召唤回了老粉。值得一提的还有人工美少女绫波丽的造型。其存在是将《妙趣小飞仙》等作品中的皮格马利翁式形象进一步彻底化的产物，她的空虚因克隆人的身份而趋于极端。在此意义上，绫波丽是一个典型，此后各种各样的"绫波"变形在一些重要作品中反复出现。比如在电视动画《机动战舰》（1996）中，十二岁的女主角星野琉璃非常受人欢迎。琉璃是作战参谋，同时负责操作搭载在战舰上的超级计算机，也是驾驶员中唯一热衷于工作的人。她冷酷而又面无表情，虽然一开始对其他驾驶员把战斗抛在一边，纵情欢乐的散漫状态感到惊讶，但渐渐敞开心扉。该作还公映了剧场版（1998），琉璃在1999年的《Animage》杂志上被评选为最受欢迎的动画女主角。在几原邦彦执导的宝冢系热议之作《少女革命》（1997）中，少女姬宫安茜作为授予决胜者的"奖品"而登场。在电视动画《玲音》（1998）中，不参与战斗的女主角岩仓玲音也和绫波一样，选择了抹除自我存在的结局。

图74　出自《机动战舰》（电视动画）

图75　出自《少女革命》（电视动画）

　　　　　　　　　　　　　　　　　　　战斗美少女的精神分析

图 76
出自《玲音》
（电视动画）

到了 20 世纪 90 年代后半期，展现少女的空虚而非活泼的角色开始增多，这个事实也是相应的征兆。过去的战斗美少女，虽然也在其立场上承受着空虚，但并非如此毫无掩饰的空虚。关于这种空虚的意义，将在最后一章再次论及。

此外，20 世纪 90 年代后半期的主要作品还有电视动画《秋叶原电脑组》（1998）、电视动画《魔卡少女樱》（1998）。它们都属于混合系，不具备那种创造出新表现形式的冲击力。不过，通过新奇的设定，以及将对整个门类的批判转化为具有说服力的故事，这些作品充分发

图 77 出自《秋叶原电脑组》(电视动画)

图 78 出自《魔卡少女樱》(电视动画)

挥了战斗美少女的特性。

重申一遍，战斗美少女题材在 20 世纪 90 年代显著增多，大量作品被制作出来，即使限定在动画作品的范围，也无法全部网罗。虽然没有诞生新的系列，但通过各个系列之间的组合，多种多样的故事被编织出来，作品世界的设定也逐渐变得更加复杂。电视动画、OVA、LD、DVD、剧场版、游戏、广播节目等，多种媒体相互融合、彼此共存的状况，只有依靠战斗美少女这个跨界的女主角才可能实现。或许，"战斗美少女"这个基本设定本身，今后也暂时不会令人厌倦，也不会遭到废弃。其存在不会作为一种刻板印象被消费殆尽，反而会作为无限创造故事的核心，持续发挥作用。虽然经历了近三十年的岁月，但是这个功能丝毫没有衰退，这意味着什么呢？我认为，正是在这里，我们可以读出一种"描绘出来的性"的可能性，详细内容留待最后一章进行论述。

日本以外主要的战斗美少女

前文提到的国外战斗女主角，与其说是战斗美少女，不如说是女战士。当然，无须举出《太空英雄芭芭丽娜》的例子，很早以前就有作品尝试将战斗与性杂糅在一起。

不用说"007"系列中登场的邦女郎,很多猫斗*题材、女囚题材的电影也可以归类为这种尝试。不过,这些几乎都是真人作品,而且女主角虽然还算年轻,但较为成熟,很难称得上少女。在此意义上,她们再怎么具有魅力,终究也是继《神奇女侠》(1941)之后的亚马孙女战士的后裔。此外,属于这个谱系的女主角还可以举出《猫女》《女超人》《女浩克》《死亡女神》等,但由于偏离了本书的文脉,在此只能割爱。

她们身上显著的特征,首先是明显基于女性主义的政治背景这一点。要理解其存在的意义,是比较容易的事情。那是因为,她们直接反映了女性社会地位的提升。硬要说的话,她们无非体现的是一种政治正确的效果,虽然具有一定的性魅力,但并不具备足以超越虚构框架的能力。

然而最近几年,在欧美,似乎有意识地表现"战斗少女的性"或"描绘出来的性"的作品也在急剧增多。当然,符合我所述文脉的例子还不是很多。但是,也有像后面会提到的《战神》那样的作品,它将九岁的战斗少女设定为女主角,画风也深受日本动画作品影响,赢得了很高的人气。可以预见的是,这个倾向今后会得到进一步的强化。以下,让我们来看看属于这个系列的代表作(若无特别说明,下文提到的都是美国作品)。不过,

---

* 猫斗,特指女性之间的争斗,通常被认为带有贬义。

战斗美少女的精神分析

我也选取了部分亚马孙女战士系的女主角，因为这些作品从各个角度看都很重要。

在日本也很受欢迎的法国电影导演吕克·贝松，在《尼基塔》（1990）、《这个杀手不太冷》（1994）这两部作品中，尝试将少女与枪进行组合。前者描写的是不良少女尼基塔的故事，她在间谍组织接受训练，成为超一流狙击手并大显身手，同时她又怀着无法向恋人坦白的内心纠葛。后来，该片在美国以电影《暗杀者》之名重制，又随着电视剧《尼基塔》的放映而大受欢迎。《这个杀手不太冷》讲述了孤独杀手和他捡来的少女之间淡淡的爱情故事。少女的亲父母都遭到杀害，她为了复仇而拿起枪杆。在贝松的作品《第五元素》（1997）中，居于故事中心的也是来自宇宙、充满野性的美少女。她由 DNA 合成，内心空虚，非常接近战斗美少女题材中的形象。这样看来就很清楚，直到贝松的《圣女贞德》（1999）为止，战斗美少女这个主题贯穿始终。在不久的将来，这位导演应该会着手将日本动画作品改编成真人电影吧！

1995 年公映的由联美公司发行的电影《坦克女郎》（瑞秋·格拉蕾执导），改编自英国漫画作家杰米·休莱特和阿兰·马丁的原作。原作自 1988 年起在杂志《最后期限》上连载，广受大众欢迎。电影描绘了在一个仿佛经历了最终战争的沙漠世界中，一手掌控水资源的组织、恋人遭组织暗杀的"坦克妹""飞机妹"，以及支援

图79 出自《坦克女郎》(电影)

她们的袋鼠人之间的战斗。

"魔力女战士"是出生于韩国的作家彼得·钟所作同名间谍动作动画的女主角。她是一名性感的女主角,身穿黑色战斗服,手持机关枪,一遇到敌人就毫不留情地射杀。该作原本于1991年在音乐电视网(MTV)上播出,大受欢迎,后改编为系列作品。现在,这部作品也制成了录像,甚至发售了相关的漫画和电子游戏。这部动画采用日本制造的有限动画[7]所特有的省略技巧来描写快动作,因而在动画迷中间引起热议。除了技巧层面,在媒体组合的流通战略等方面,也能看出它受到日本的影响。

图80 出自《魔力女战士》(电视动画)

《吸血鬼猎人巴菲》是一部真人剧,自1997年起在美国电视网络(WBN)系列中播出,该作根据1992年日本葛井夫妇*制作的同名电影重制而成。虽然电影作品热度一般,但这个电视系列人气极高,2000年还在播出。巴菲是极其普通的女高中生,某天一名神秘男子突然出现,告知她被选为吸血鬼猎人。她经历了成为猎人的训练,为了拯救地球而前去击败吸血鬼。平凡无奇的女高中生突然卷入异世界的纷争,不得不参与战斗,这构成

---

* 葛井夫妇,指日本电影制片人葛井胜介与美国电影导演、制片人法兰·鲁贝尔·库祖(Fran Rubel Kuzui)。

图 81　出自《吸血鬼猎人巴菲》（真人电视剧）

了故事的主线，按系列来分类，则属于异世界召唤系和猎人系的混合。女主角被设定为"山谷女孩"（家境富裕，喜欢玩乐，很懂时尚的十几岁少女），相较于强悍，更强调其可爱。

《战士公主西娜》是 1995 起在美国音乐公司（MCA）系列上播出的热门真人剧。该剧讲述的是女战士西娜的故事，她曾率领一帮恶棍横扫希腊，后来她悔过自新，和随从加布里埃尔一起击退边境的怪物。该剧在各种意义上都是一部独特的作品，比如女主角被设定为女同性恋。

1995 年，威廉·塔西的原创漫画《死》系列由远征娱乐（Crusade Entertainment）出版，这是一部以日本

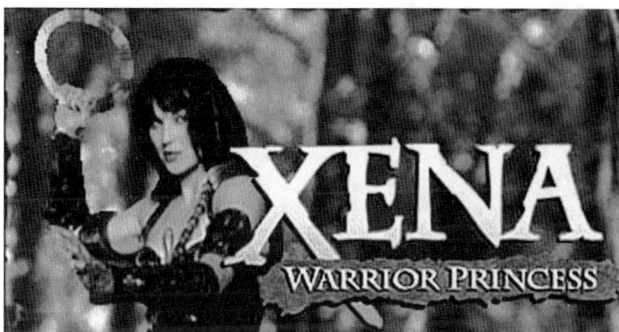

图82 出自《战士公主西娜》（真人电视剧）

战国时代为舞台的漫画作品。女主角石川·阿娜遭到了延历寺僧兵组织的驱逐，为了替被杀的父亲和哥哥报仇，她与敌对的武家组织展开战斗。不仅背景设定是日本，画风也能看出深受日本动画作品的影响。《歌舞伎》是1997年由映像漫画（Image Commics）出版的漫画作品，作者是大卫·马克。"Noh"（能）是维护日本权力结构的地下神秘组织。该作描写的是组织代号为"歌舞伎"的女主角宇纪子的战斗。作者在采访中说，这部作品试图通过描写和自己不同性的主角并将其置于异文化中，来表现具有普遍性的主题。然而，一看就知道，为了投射多形态倒错的主题，这些作品都使用了日本式的语境。其中，作为东方学*的"日本文化"，只是用作强调

---

* 东方学，原本是研究东方各国历史文化的学科的总称，爱德华·萨义德（Edward Said）认为西方学者对于东方文化的研究带有种种偏见，因此这个概念也被赋予了负面的内涵。

图 83　出自《死》（漫画）　　　　图 84　出自《歌舞伎》（漫画）

奇幻性的指标。

　　1997 年，马克·希尔维斯利的原创漫画《魔女之刃》由顶牛制造（Top Cow Production）出版。萨拉·派真尼是纽约市警察局谋杀课刑警，她在一次搜查中被选为自古流传的神秘手套"魔女之刃"的所有者，于是利用其强大力量与罪犯战斗。怀着内心纠葛而进行战斗的性感女战士非常受欢迎，如今在漫画女主角的人气投票中，萨拉成为十佳的常客。

　　1997 年，美国艾多（Eidos）公司发售了以古代遗迹为舞台的 3D 冒险游戏《古墓丽影》，女主角劳拉·克劳馥成为人们热议的话题。过去，在美国的游戏女主角

图85　出自《魔女之刃》（漫画）

人气投票中，日本角色常常独占前几名，而劳拉成为首位获得第一名的美国制造的女主角。不仅如此，据说她还登上时尚杂志封面，有人策划改编电影，还有粉丝以免费软件的形式发布了同款游戏的成人版，等等，人气之高非同寻常。[8]虽然该作的性表现相当克制，但是作为第一位让欧美粉丝为之疯狂的虚拟女主角，或许会被人们铭记。

据我所知，1998年由悬念漫画（Cliffhanger Comics）发售的《战神》是欧美圈首部正式的战斗美少女作品。乔·马杜雷拉原本是"X战警"系列的作者之一，这部作品中出现了年仅九岁的战斗少女。故事讲述了在一个《龙与地下城》风格的奇幻世界中，偶然相识的五名主角

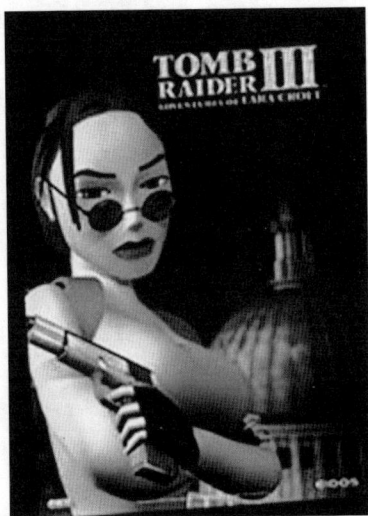

图86　出自《古墓丽影》（游戏）

团结一致，与恶势力战斗的故事。团队的关键人物是九岁少女嘉丽，她的武器是父亲留下的魔法手套（该物件和"魔女之刃"有相通之处）。她和另一名女战士莫妮卡、剑士、魔术师、妖术机器人组成五人团队，共同迎击敌人。

　　一看就知道，该作画风深受日本动画作品的影响。和通常的美漫相比，眼睛画得很大，表情也很容易懂。尤其是头发的描写，与过去的美漫迥然相异，完全沿袭了日本动画的风格。头发不是画成一大块，而是画成硬质且柔韧的纤维束。这显然和漫画家藤岛康介所开发的技法相似。另外，在颧骨上画斜线的描写——或许意味着脸颊的红潮——也是过去美漫中根本不可能出现的动

战斗美少女的精神分析

图 87　出自《战神》（漫画）

图 88　出自《战神》（漫画）

画式线条。当然，该作充分考虑到了女主角的性，美少女与机械的组合被赋予了美漫独特的解释，成为一部充满魅力的作品，在粉丝中人气也极高，甚至还有粉丝制作了一些非正式的主页。或许也是因为 RPG 式的故事展开形式，粉丝使用角色发表了各种故事（被称为"粉飞客"*），这一点似乎和日本的 SS 文化（见第 1 章）有相通之处。

悬念漫画还出版了其他战斗美少女题材的作品，似乎成了这个门类具有一定品牌效应的出版社。1998 年由安迪·哈特内尔和斯科特·坎贝尔创作的《危险女孩》，讲述了三名间谍与恶势力战斗的故事，画风也受到了日本漫画的影响，虽然不太明显。

综上所述，我们能够明显看到，进入 20 世纪 90 年代后半期，和战斗美少女关系密切的国外作品开始急剧增多。再强调一遍，主流作品中出现像《战神》这样的作品，即使在象征这一动向的意义上，也是划时代的事件。可以预见的是，这类作品今后也会不断增多。

来自日本的直接影响固然不可忽视，但这个倾向的产生几乎是必然的。换言之，其中存在着一些作用关系，使媒体环境的发达与性的问题得以一般化。若是如此，战斗美少女的存在或许就获得了一般性，其价值不再仅限于是日本特殊的形象。至少，我打算在下一章中以这个视角对她们进行描述。

---

* 粉飞客（fanfic），"迷"（fans）和"小说"（fiction）的合成词，是指喜爱电影、小说、漫画等虚构作品的粉丝，常常会将自己根据原作改编的作品分享到网站或论坛上。

战斗美少女系列一览表

年代 系列	20世纪60年代	20世纪70年代	20世纪80年代	20世纪90年代
一点 红系	漫画《赛博格009》1964 电视动画《彩虹战队罗宾》1966 电视剧《赛文奥特曼》1967	电视动画《科学忍者队》1972 电视动画《宇宙战舰大和号》1974 电视剧《时间飞船》1975 真人电视剧《秘密战队五连者》1975 电视动画《机动战士高达》1979 电视动画《未来少年柯南》1978 剧场动画《银河铁道999》1979	电视动画《传说巨神伊甸安》1980 电视动画《超时空要塞》1982 漫画《阿基拉》1982 剧场动画《幻魔大战》1983 真人电视《宇宙刑事夏伊达》1984 OV《地球防卫少女》1987 剧场动画《机动警察》1989	战队题材、 巨型机器人题材等数量极多
魔法 少女系	电视动画《魔法使莎莉》1966 电视动画《甜蜜小天使》1969		电视动画《甜甜仙子》1982 电视动画《魔法天使》1983 电视动画《超能力魔美》1987 剧场动画《魔女宅急便》1989	电视动画《小红帽恰恰》1994 电视动画《守护天使莉莉》1995 电视动画《魔法少女砂沙美》1996 OVA《魔法使俱乐部》1996 电视动画《魔卡少女樱》1998
变身 少女系	电视动画《小超人帕门》1967	电视动画《神奇糖》1971 电视剧《喜欢!喜欢!魔女老师》1971 电视剧《甜心战士》1973 漫画《穴光假面》1974		电视剧《美少女假面》1990 电视剧《言出必行三姐妹》1993
团队系	漫画《009—1》1967		漫画《猫眼三姐妹》1981 电视剧《超时空骑团南十字星》1984 电视剧《摘怪拍档》1985 OVA《无限地带23》1985 OVA《A子计划》1986 漫画《逮捕令》1986 OVA《银河女战士》1986 OVA《泡泡糖危机》1987 漫画《魔法阵都市》1988	漫画《猫眼女枪手》1991

年代 系列	20世纪 60 年代	20世纪 70 年代	20世纪 80 年代	20世纪 90 年代
热血运动系	漫画《青春火花》1968 漫画《排球女将》1968	电视动画《网球甜心》1973 电视动画《棒球狂之诗》1977	漫画《柔道少女》1986	漫画《娇娃夏生的危机》1990 游戏《街头霸王2》1991 游戏《VR战士2》1995 OVA《大运动会》1996 电视剧《女棒甲子园》1998
宝冢系（包含异装系）	电视动画《缎带骑士》1967	电视动画《塞纳河之星》1975 电视动画《凡尔赛玫瑰》1979		电视动画《少女革命》1997
异装系	漫画《破廉耻学园》1968	女子职业摔跤热潮 1977	电影《水手服与机关枪》1981 漫画《平行少女库琳》1982 电视剧《停止!!云雀君!》1983 电视剧《飞女刑事》1985 漫画《花之飞鸟组》1985 电影《V·马东娜学院大战争》1985 漫画《乱马½》1987 电视动画《乱马½》1989	电视动画《飞吧!伊莎美》1995 OVA《铁胸巴迪》1996
猎人系	漫画《太空英雄芭丽娜》1967 漫画《鲁邦三世》1967	漫画《黑暗法师》1975 漫画《异形》1979	OVA《猎人丽梦》1985 漫画《苹果核战记》1985 漫画《BASTARD!!暗黑破坏神》1987 OVA《吸血姬美夕》1988	漫画《娑婆罗》1990 OV《伊利亚：杰拉姆》1991 OVA《魔物猎人妖子》1991 电视动画《GS美神》1993 电视动画《秀逗魔导士》1995 剧场动画《攻壳机动队》1995 游戏《古墓丽影》1997 OVA《海底娇娃蓝华》1997 电视动画《猫·狐·警探》1997

年代 系列	20世纪60年代	20世纪70年代	20世纪80年代	20世纪90年代
同居系		漫画《福星小子》1978	漫画《三只眼》1987	漫画《电影少女》1990 OVA《天地无用》1992 电视动画《机械女神J》1996 电视动画《守护月天》1998
皮格马利翁系			漫画《阿拉蕾》1980 电视动画《妙趣小飞仙》1983	漫画《铳梦》1991 OVA《万能文化猫娘》1992 漫画《铁架无敌玛利亚》1993 漫画《少女杀手阿墨》1994 电视动画《玲音》1998
巫女系	剧场动画《太阳王子霍尔斯的大冒险》1968		漫画《童梦》1980 剧场动画《风之谷》1984	对战格斗游戏《侍魂》1993 漫画《圣女贞德》1995 剧场动画《幽灵公主》1997 电影《圣女贞德》1999
异世界系			OVA《幻梦战记莉达》1985	电视动画《魔法骑士》1994 电视动画《不可思议的游戏》1995 电视动画《圣天空战记》1996
混合系			OVA《飞跃巅峰》1988	电视动画《美少女战士》1992 电视动画《爱天使传说》1995 电视动画《新世纪福音战士》1995 游戏《樱花大战》1996 电视动画《机动战舰》1996

注释

1　宫崎骏「アニメーションを作るということ」『出発点』徳間書店、一九九六年。

2　ケイ、A.『未来少年コナン』（原題『残された人々』）角川書店、一九八八年。

3　精神科医生安永浩将类癫痫气质的性格倾向扩大至正常范围，并将具有如下特征的气质命名为"中心气质"：试想一下这样的形象，"一个约五岁至八岁的'儿童'，'和普通人一样茁壮成长'，天真烂漫，喜怒哀乐单纯明了"，"对于具体事物抱有强烈的好奇心，但只有三分钟热度"，"不为明天的事情忧虑，也不在意'昨日的事情'"，等等。（安永浩「『中心气質』というがいねんについて」『安永浩著作集第三巻　方法論と臨床概念』金剛出版、一九九二年）。

4　皮格马利翁是希腊神话中的塞浦路斯岛的国王。据说他爱上了一座象牙制成的女雕像，爱神阿芙洛狄忒为雕像赋予生命，命她成为妻子。此指通过"教育"，使内心空虚的女性获得理想人格的一类故事，比如以萧伯纳的《卖花女》为原作而改编的电影《窈窕淑女》。

5　斎藤環、村上隆、香山リカ「未来は二次元でできている」（座談会）『鳩よ！』一八九巻、マガジンハウス、二〇〇〇年一月号。

6　荒木飛呂彦、斎藤環「書き続ける勇気」（対談）『ユリイカ』二九巻四号、青土社、一九九七年。

7　用赛璐珞制作的动画，大体上分为两类，一是像迪士尼动画那样的全动画（full animation），一是日本制造的有限动画（limited animation）。所谓"全动画"，是指从角色到背景人物、风景，本该运动的事物原则上都动起来的手法。而"有限动画"只限于让角色等该动的事物运动，背景以及不重要的人物等，则使用静止画面。有限动画原本是为了节省人力和成本而开发出来的手法，但日本制造的动画反而利用这种限制，开发了各种独特的表现技法。

8　阿部広樹「外人による、外人のための"萌え"キャラ。それが彼女だ」『別冊宝島421 空想美少女大百科』宝島社、一九九九年。

本章参考文献

『アニメ LD 大全集』メタモル出版、一九九七年。

『映画秘宝 8 号　セクシー・ダイナマイト猛爆撃』洋泉社、一九九七年。

岡田斗司夫『オタク学入門』太田出版、一九九六年。

岡田斗司夫編『国際おたく大学』光文社、一九九八年。

『好奇心ブック 23 号　八〇年代アニメ大全』双葉社、一九九八年。

斎藤環『文脈病──ラカン / ベイトソン / マトゥラーナ』青土社、
　　一九九八年。

『スーパーヒロイン画報』竹書房、一九九八年。

『超人画報』竹書房、一九九五年。

『動画王二巻　スーパー魔女っ子大戦』キネマ旬報社、一九九七年。

『日本漫画が世界ですごい！』たちばな出版、一九九八年。

『別冊宝島 293　このアニメがすごい！』宝島社、一九九七年。

『別冊宝島 316　日本一のマンガを探せ！』宝島社、一九九七年。

『別冊宝島 330　アニメの見方が変わる本』宝島社、一九九七年。

『別冊宝島 347　一九八〇年大百科』宝島社、一九九七年。

『別冊宝島 349　空想美少女読本』宝島社、一九九七年。

『別冊宝島 421　空想美少女大百科』宝島社、一九九九年。

『ポップ・カルチャー・クリティーク 2　少女たちの戦歴』青弓社、
　　一九九八年。

『ロリータの時代』『宝島 30』、第二巻九号、宝島社、一九九四年。

06

菲勒斯少女的生成

生成空间的特异性

在本章中，我们终于要聚焦于战斗美少女们的"生成"过程展开讨论了。"她们"从何而来？这相当于是问，培育她们的场所及其"环境"的特殊性是什么？"环境"的特殊性，也就是漫画、动画这些"媒体空间"的特殊性。

同时不要忘了，正如前面已经多次指出，培育她们的最大共同体就是"御宅"。事实上，特殊的"媒体空间"是由"御宅"这个特殊共同体的需求建立起来的。正因为有"需求"，战斗美少女们才会成为不可动摇的存在。我们首先就从这类"场所"的特异性开始探讨吧。

在此，我们必须先确认几个基本事项。第一，"想象性空间"大多与"倒错"有着较高的亲缘性。从精神分析的立场来看，这一点不言自明。不过，提出这一论点的方式有不同流派。[1]在此，我采用的解释极其单纯，也就是说，既然想象界受自恋原理支配，那么其带有多形态倒错也就是顺理成章的事情。

而且，无论电影、电视，还是漫画、动画，大众化的虚构表现都受到相对单纯的欲望原理支配。所谓"欲望原理"，也即性和"暴力"的原理——在罗曼司、冒险故事中亦是如此。作为旁证，引用如下两个说法就足够了：比如，戈达尔[*]略带讽刺意味地断言"拍电影只需女人和枪"；另外，我最信赖的影评人之一宝琳·凯尔[†]说，"亲亲碰碰"（Kiss Kiss Bang Bang）的表现中"蕴含着电影的一切要素"，并为自己的著作冠以这个标题。

我特地确认这些基本事项，是有原因的。我是为了全面阻止一种天真的解释，也即将战斗美少女这个表象物视为"性和暴力"的微缩形态，认为其符合"微缩情结"这一日本人的国民性。这类解释看似妥当，实则性质恶劣。不能因为解释对象是大众文化，就认为必须采用大众化的解释方法。我再次强调，这里所要确认的不过是"解释"之前的前提事项。

那么，"漫画·动画空间的特异性"究竟是什么呢？在此，我试图提出几个关键词，即"无时间""高语境""多重人格空间"，并据此展开描述。

---

[*] 戈达尔，即让-吕克·戈达尔（Jean-Luc Godard, 1930—2022），法国导演、编剧、制片人。

[†] 宝琳·凯尔（Pauline Kael, 1919—2001），美国影评人，以其诙谐、尖锐的风格著称。

漫画·动画的"无时间"

视觉表现的媒体，是根据各媒体固有的"时间性"来发挥作用的。这里的"时间性"，对于大众表现而言，即直接与"运动性"相一致。[2]

一切视觉表现都烙印着该媒体固有的运动性。漫画、动画、电影各自都具有"运动"表现的固有语法。比如，即使将人物照片以漫画格子的形式排列，也绝不可能赋予它与漫画同等的效果，反而只会获得缺乏真实性的虚假感触。这是因为，照片媒体固有的运动性与漫画这一形式不匹配。

在运动表现的技法中，既有电影蒙太奇那样的大技法，也有漫画速度线那样的小技巧。只要充分运用这些技法，就会带来"运动的真实性"。动画的真实性并非通过模仿写实背景或电影手法，而是基于这种动画固有的运动性才会被挖掘出来。这时，只用一条线描绘出的人物，甚至都可能获得与真人同等乃至超越真人的真实性。[3]在此，让我们聚焦于这种运动表现的技法，来探讨一下漫画和动画的"时间性"。

在思考漫画的时间性时，将石之森章太郎与永井豪放在一起比较是很有意义的事情，因为两者的时间描写形成了鲜明对照。一句话来说，也即"电影时间"与"剧画时间"的对比。

正如加藤干郎[4]也指出的那样，石之森使漫画中的时间描写变得极其考究。这种时间描写具有作为漫画固有语法的优越性，又经历进一步的完善，在大友克洋等人的作品中得到继承。这里的确能够看到电影的影响（石之森现实中也是相当程度上的西洋画粉丝）。也许，他比手冢治虫更有意识地引入电影式的表现技法。相较而言，永井则是站在更接近漫画固有的位置上，硬要说的话，就是站在"反电影"的立场上进行描写。这一点与战斗美少女的生成过程也有密切关联，因此我们将对其展开更详细的探讨。

在石之森的作品中，时间大体上按照一定速度流动——虽然这么说或许有些奇怪。石之森常在作品的对话中使用"间"的描写，比如由对气泡的台词与气泡外添加的手写台词之间的对比而产生时间性。正是这种"间"的描写，维系着石之森作品中时间之流的"客观性"或"间主体性"。这种时间性更接近柯罗诺斯式的可计量时间，笔直而又平滑，畅通无阻地流动。

另一方面，在永井作品中，时间已不再流动。时间随读者的主观而伸缩。浓密而有紧迫感的瞬间用大格子，分多页加以描写。石之森几乎不采用的这种时间描写，却直接成为日本漫画技法的一大特征。比如，石之森作品（《假面骑士》或战队题材）很多时候不是改编成动画，而是真人剧。这与永井豪作品形成了有趣的对照，后者绝大多数都被改编为动画。当然，这种差异和行业内的一些因素有关，但原因不止于此。没错，永井作品显然

战斗美少女的精神分析

图 89　出自石之森章太郎《赛博格 009》

图90　出自永井豪《恶魔人》

和动画有着更高的亲缘性。直接地说，动画从漫画那里继承下来的一样东西，就是以永井作品为代表的"无时间性"。

以前，我在讨论宫崎骏作品的时候，批判性地论述过这种无时间性。[5]基于此，以下让我们继续对漫画和动画中的无时间性展开探讨吧。

正如宫崎自己指出的那样，动画本来就是漫画的继承者。比如，动画中经常直接借用漫画的手法。典型的例子就是"漫符（竹熊健太郎）"[*]的使用，而动画的无时间性也源自漫画。宫崎将这种动画的无时间性比拟为"讲谈"[†]的时间。在讲谈中，时间与空间被严重扭曲和夸大，旨在表现主人公的情绪和感染力。比如在讲谈《宽永三马术》中，作者花了极大篇幅来描绘曲垣平九郎骑马攀上石阶的片段。这种特定瞬间的无限延伸，正是讲谈式的无时间。宫崎极力排斥这种描写。

这种技法多用于梶原一骑等人的剧画作品。最极端的例子，就是中岛德博的漫画《阿斯特罗棒球队》。作者花了约三年时间、以单行本计算多达两千页的篇幅来描写作品中的高潮部分，也就是阿斯特罗队与胜利队之间的一局比赛。这并不是那种小众的、先锋性的作品。《少年JUMP》这个极其主流的媒体中，居然出现了如此破

---

[*] 漫符，即漫画符号，漫画特有的表现符号，比如表示人物焦虑的汗珠，表示害羞的斜线等。
[†] 讲谈，日本传统表演艺术之一，演讲者坐在"释台"（小桌子）前，向听众讲述以历史题材为主的故事。

图 91　动画中漫符的用例
（出自《小魔女 DoReMi》）

天荒的尝试，读者只能苦笑着接受。

漫画、动画的媒体空间显然追求无时间性。多数运动漫画几乎必然地被迫尝试这种描写。离开投手的球被接球手一方用手套接住的时间、长跑选手终点前冲刺的时间、拳击手在一轮比赛中展开对攻的时间，这些瞬间都被描绘得相当漫长，相当啰唆。场面的感染力，会随着描写所花费的时间和叙述密度的增加而成比例地无限增强。一直以来，这种技法用在漫画和动画的表现中是最有效的。不用说电影，即使在小说中，也没有哪种表现手段能够如此自然地引入无时间性。这可以视为后文将提到的"日本式空间"的特异性之一。

图92　出自中岛德博《阿斯特罗棒球队》

当然，想象的事物，也即想象或空想领域本来也是无时间性的。比如，在那里，死者永远不会变老。不过，这显然不同于弗洛伊德所假定的"无意识的无时间"。无意识在本质上是无时间性的，但想象界准确说来不过是在追求无时间性。没错，人们往往会在想象中追求"体验的无限性"，贪恋具有特殊性的瞬间。

在一篇有关统合失调症的论文中，精神科医生中井久夫论述了柯罗诺斯时间和卡伊洛斯时间的区别。[6]柯罗诺斯是古希腊神话中登场的"时间神"，相当于宙斯的父亲。所谓的柯罗诺斯时间，意即可用时钟计量的物理时间；而卡伊洛斯是希腊语，在日语中则译为"时熟"[*]，在此即指人类时间。枯燥乏味的课程令人感到无比漫长，而和恋人度过的时间却转瞬即逝，这是因为我们在卡伊洛斯式的维度上经验时间。中井指出，分裂症时期的患者会经历"卡伊洛斯时间的瓦解与柯罗诺斯时间的保全"。那么，相反的事态也可能发生吧。也就是说，"柯罗诺斯时间倒退，继而无限沉浸于卡伊洛斯时间"。比如，对于边缘人格和癔症者而言，卡伊洛斯时间明显占优。在那里，被体验的时间往往带有自恋的"此时此地"性质。

动画、漫画追求无时间，也即压抑柯罗诺斯时间的做法，还有其他几种形式。比如年龄不会增长的"海螺小姐""哆啦A梦"等，通过某个设定使得无时间性的

---

[*] 时熟，日语词，该词将时间视为生命体，暗示时间和人一样也会经历生命历程，从未成熟的状态逐渐发展成熟，完全成熟的状态，即"时熟"。

故事循环往复。或者经由《少年JUMP》等杂志而被动画采用的"淘汰赛形式"的技法，也是无限循环的无时间。一系列不断变强的敌人，不过是为了掩盖时间的流逝，并引入循环式的无时间。此外，动画还有声优的问题。比如，声优不会老去，也不会死去。这意味着什么呢？他们往往年龄不详，而擅长少年角色的声优，无论过去多少年，还能继续扮演少年角色。再如，扮演鲁邦的声优山田康雄去世后，栗田贯一如同克隆一般承其衣钵，声优必须是这样的不死之身。

在此意义上，漫画和动画所描绘的时间就可以认为具有卡伊洛斯性。一般认为，开发这一技法的"功绩"仍归功于手冢治虫。手冢之前和手冢之后，漫画最具决定性的转变正是引入了卡伊洛斯时间。比如，当主人公的主观冲突仅仅通过格子分割来加以表现，而不依赖台词和说明的时候，卡伊洛斯时间已经开始在那里流动了。

这样一来，从讲谈到漫画、动画，日本大众文化中的卡伊洛斯时间技术，作为独特的基本语法被继承下来。如果没有这种技法，就很难理解漫画或动画在日本的突出地位。

比如，即使是最先进的美国漫画，也明显比日本漫画"滞后"。这个"滞后"正是美漫的局限性所在，也是美漫无论如何都无法超越电影的原因之一。那么，美漫为何会"滞后"呢？

是作画过于精细所致？诚然，在诸如《重金属》这

图 93　出自手冢治虫《桐人传奇》

类漫画作品中，我们无法否定其画风的细密程度堪与真人画相媲美，难以快速阅读。然而，日本也有不少像荒木飞吕彦、原哲夫那样以厚重的画风力压群雄的作家。尽管如此，他们的漫画也比美漫"快"得多。这是为什么呢？

美漫基本上忠实于电影手法。也就是说，美漫全面采用柯罗诺斯时间。每一格的时间流逝说到底是均质的，而情绪性的延长和夸张被控制在最低限度。人物的主观心理通常以独白形式呈现，不会过分要求读者沉浸其中。相反，在日本漫画中，尤其是手冢以后，随着卡伊洛斯时间的引入，发生在一瞬间的事情通常以高密度且极其自然的手法进行描绘。这种表现技法其后也得到继承发展，力图召唤读者的主观沉浸，使"速读"成为可能。或许，这种技法在表象文化史上都绝无仅有。这里说的不是《卡拉马佐夫兄弟》中的四天或《尤利西斯》中的一天被描绘为鸿篇巨制。这些文学作品中的高密度时间，根源于其复调式的、繁复的叙述结构。而且，这些"文学"严重缺乏的就是"速度"。可以说，兼顾"高密度"与"高速度"这种悖论式的表现技法，几乎是漫画和动画媒体空间固有的性质。

漫画式的无时间，无非就是"因速度极快而看似停止"的画面效果。而且，由这种"极其啰唆地描绘瞬间"的技术带来的效果，并不局限于"无时间"。刚才我指出，这种技法使"速读"成为可能。"啰唆地描绘瞬间"如何与"速读"产生关联呢？在此，我将提出漫画或动画中最显著的一种编码特性。

齐奏式的同步空间

漫画的编码是极其独特的。众所周知，漫画的编码传播手段具有多种途径，包括图像、语言，以及辅助性的拟声拟态表现等。而且，其图像表现也并不简单。背景可以细致描绘，但人物必须通过"符号化的省略"加以表现。这是为了让每一格人物的图像保持统一而必须使用的技巧。人物的情感表现也必须"符号化"，也就是使用所谓的"漫符"。运动的表现也具有符号性，因为它是通过描绘各式各样的速度线来表现的。我这里所说的"符号性"，是指这种表现具有直接表达意义的性质，就如同一个单纯的符号，几乎没有多重解释的余地。

拿起任何一本漫画，仔细观察其中一个格子，很容易就会发现，一个画面中同时存在多个不同的编码系列。首先，我们会去阅读"台词"。然而，写入台词的"气泡"根据不同的形状，也可以表现不同的情绪和状况。而且，支撑起漫画表现的"编码"系列可谓不胜枚举，包括"人物的表情""漫符""拟声拟态词""速度线和集中线"等。不如说，漫画表现中，根本不可能存在"无意义"的描写。轮廓线也好，格子分割也好，甚至留白和省略都被赋予了特定意义。[7]一旦将视线聚焦于这一点，我们便会惊讶地发现，自己在完全没有意识到这些"编码"的情况下阅读了大量漫画。如此复杂的编码系列，为何会如此不自觉，而又如此正确地成为读者共有的语法呢？即使只是对这一问题进行详细爬梳，也能撰写一部很有意思的表象文化史著作。但现在，我们还是赶紧继续讨论下去。

关于漫画表现中的多重编码系列，前文已进行了论述。然而，可能会有人指出，如果编码只是具有复数性或多重性，那么电影、戏剧不也如此吗？没错，漫画的特别之处并不在于"编码的多重性和复数性"。重要的是，这些多重编码根本没有产生复调效果。不如说，它们发挥的是一种齐奏式的作用。

这是什么意思呢？也就是说，即使有多重编码，它们也仅仅是为了表现单一的意思、单一的情绪。多个编码系列可以同步传递某个单一情况的含义。而且，这种同步准确且富于节奏感，迫使我们加快阅读漫画的速度。速读也是"齐奏"所产生的一种效果，但同时由于速读，编码的传达变得更容易同步。

还有一点也非常重要，这里所说的"编码"，各自都是不完全的系列。无论是哪种漫画表现的编码，都无法独立传达意义。如果只是阅读台词或图像，意义就无法传达。因此，各个编码系列需要相互补充。只有充分发挥互补性，编码才能同步运作，从而产生齐奏式的效果。

结果，漫画空间就成为被过度赋予意义的高冗余性表现空间。与此相关联的现象是，近年来一种令人不适的技术迅速普及，也即电视节目中频繁出现的丑恶"字幕"。在综艺节目中，演员的发言会通过字幕反复强调，再加上仿佛经过合成的"工作人员的笑声"。这种技术通过多个编码的齐奏，阻止听众做出"笑"以外的任何反应。有人将这一系列变化称为"电视向漫画的趋近"。但我想要思考的是，我们日本人对于这种高冗余性表现的文化偏好。

傅莱德里·修特也有日本漫画方面的著述[8]。他指出，对于文字、图画二重表现的偏好可追溯至江户时代的黄表纸*。当然，这一说法是否妥当有待仔细检验。但至少，"多个编码同步齐奏的冗余表现"成为大众文化的基本语法，这是日本独有的现象。国外也不是没有类似表现的例子，但远不及日本这样普遍而又考究。

一旦分离会变得毫无意义，而在互补同步时则会传达过多意义——这种"媒体特性"可能内含更宏大的联想。没错，这会令人联想到日语的"假名-汉字双重书写"。动画导演高田勋指出，动画与日语有着亲密关系[9]。简言之，他想说动画就是日语。当然，过去也有类似的说法，比如漫画像书法等。人们对汉字的特异性有所误解，尤其是对其作为"象形文字"这一点有所误解，在这种"视觉上较为考究的文字"的魅力面前，就连拉康

---

* 黄表纸，江户时代盛行的小说样式之一。

也会不经意地说出"日本人不会精神分析"这种话。[10]然而，一旦接受了象征性事物与想象性事物的区别，自会发现这种理解是错误的。如果说汉字是独特的，那并非因为它更像符号。无论对象是汉字还是字母，都可能产生对于文字的视觉依恋，也即恋物癖。因此，我们不能想当然地将动画和漫画的想象性功能，与日语书写体系的象征性混为一谈。

假名—汉字双重书写的特异性，除了其视觉特征，或许还在于其"阅读"高度依赖文脉这一点。正是这一特征，调整了象征性作用出现于想象界的形式。目前能肯定的是，在这个书写体系中，无论"汉字"还是"汉字的读法"，都无法仅仅凭借自身获得意义。不用说，只有当片假名、罗马字加入其中，使其同步齐奏，才能获得完整的意义。动画和漫画的编码系列与之类似，这或许并非偶然。

我们很容易沉浸于动画和漫画，极其快速地消费它们。从这一事实出发，可以进行如下推论：我们是否像阅读文字一样"阅读"动画和漫画？若是如此，那么我们就能得到关于日语书写的一个假设。事实上，我们不能说日语书写具有模糊象征界与想象界区别的特征。不如说，它提供了一种精妙技术，让我们能够以象征性的运作方式来处理想象性的对象物。

根据这个假设，我们可以说明几个奇妙的现象。首先，在评价日本漫画家与动画人时，绘画技术并不是最重要的事项。事实上，我们对于他们的绘画技术非常包容。作画能力只是附带的价值，如有的话最好。以西欧标准来衡量，很多"大师"的作画能力差到离谱，根本不值一提。比如在欧美，就连大友克洋也不一定是因为作画能力而受青睐。不如说，他的作品是凭借卓越的故事性而获得国际声誉的。这种"轻视作画能力"的倾向，还体现在过去的漫画论、动画论几乎全都停留在分析故事和角色这一层面上。

或许，我们所处的文化圈在对想象性事物做象征性处理的技术方面，得到了特别的发展。这个假设所关涉的领域可能并不仅限于漫画和动画论，但这已经严重偏离了本书主题，今后有机会再进行检验。让我们带着上述假设，回到正题。

多重人格空间

我认为，我们可以将漫画和动画的多重编码系列及其齐奏式的同步性这个视角进一步扩大，得出更一般化的结论。比如，漫画中的"角色"也可以看成一个编码。在我看来，漫画作品中有一种多重人格结构。越是优秀的作品，就越可能包含各式各样的多重人格化的契机。换言之，在完成度较高的漫画和动画作品中，各个角色会部分地人格化，并通过互补成功地统合在一起。

在临床上，大家都知道多重人格中的交替人格是一种极其不完整的人格。交替人格多为单纯的类型，其性格通常可用一句话表达清楚。在此意义上，较之"性格"，用"性能"（specification）来表述或许更合适。这种不完整性，与很多漫画作品也很相符。

不用说，我暂且将"多重人格空间"一词与米哈伊尔·巴赫金的复调空间对立了起来。让我来引用一下关于复调空间的论述：

> 众多各自独立而互不融合的声音和意识，由各自拥有明确价值的不同声音形成真正的复调——这是陀思妥耶夫斯基小说的本质特征……多个平等的意识各自拥有不同的世界，它们被编入某个统一的事件之中，却又保持着各自的独立性……不仅是单一作者所言说的客体，更是能够直抒己见的言说主体……主人公的意识被提示为另一个意识，即他者意识……也即，它不是作者意识的单纯客体……陀思妥耶夫斯基笔下的主人公形象，不同于传统小说中普通的、具有客体性的主人公形象……他在根本上创造了一种全新的小说门类。[11]

漫画和动画的空间几乎与这些特征无缘，而是呈现为将巴赫金所描述的陀思妥耶夫斯基之前作品的特征推向极端的空间。也就是说，"众多个性和命运被迫地在作者单一意识所照亮的客观世界中展开","主人公的言说承担了一般意义上的性格塑造和情节展开等实用功能",同时主人公又被迫成为"作者自身意识形态立场的代言人"。[12]

就像很多亚文化一样，漫画也是一个表现自由度极低的门类，这一点时常遭到人们的误解。较之小说，其表现形式、故事篇幅、叙述视角都被限定在一个极其狭小的范围内，但漫画可能具有远比小说更为多样的"文体"。这也是亚文化的一般特征。换用符号论的说法，漫画在组合轴（水平结构）上相对贫弱，而在聚合轴（垂直分叉）上的表现却极其丰富。

由于这个原因，漫画无法描绘过于复杂的故事。登场人物的性格必须单纯到一目了然的程度。无法描写复杂性格，等于说无法描写复杂故事。因此，在漫画中，每个人格单位都必然是典型。如果说大多数的漫画只能描写典型人物，那是因为角色必须被设置为一种编码，承载单一意义。因此，我们不应该为漫画缺乏复杂性和深度而叹息。在漫画表现中，有时连人物都会沦为舞台布景。归根结底，漫画作品将整部作品都统摄进一个人格，比方说是"作者人格"。

如果有人认为我的论述多少带有对漫画和动画的贬低，那就误会我了。保险起见，我将在此充分表达对漫画和动画的拥护。上述漫画特征就"文艺性"的表现而言是较为薄弱的，但如今文艺性的力量已受到根本性的削弱,标榜"高雅文化"的表现逐渐被推向更狭隘的境地。

如果说漫画等亚文化的弱点是前述"组合轴的薄弱",那么其优势无外乎就是"聚合轴的多样化"。比如,流行音乐通过将多种多样的音色组织进简单的结构之中,产生各种变奏,无限反复,无限更新。采样*和重组等技法,现已不限于音乐表现。动画作品《新世纪福音战士》几乎可以说就是巧妙运用这些技术制成的,它的表现是如此新鲜而又具有冲击力,令人记忆犹新。亚文化就是因为彻底缺乏深度,而使我们不断为之痴迷的。虽然它可能无法描绘出复杂人格,却总是生产出充满魅力的典型。当然,战斗美少女无外乎也是这样的一个典型。大概是出于上述理由,她们所栖居的场所只可能是亚文化领域。

高语境

表现有多种多样的形式。在本书中,我将从较为广义的层面上来解释"媒体"一词,并将这些表现形式当成一个个独立的媒体。那么,漫画、动画、电影等多种媒体存在的意义是什么呢?它们是以现实为媒介的多种形式吗?并非如此。不同的媒体是为了承载不同的虚构性而存在的。很显然,我们在接受表现内容的同时也在

---

* 采样,音乐制作术语,是指音频处理中对数字信号进行样本采集的过程。

接受表现形式。媒体是作为一种文脉来发挥作用的，换句话说，是作为一个透明而又连续的整体，为内容赋予意义。这时，媒体本身获得了各自固有的文脉性。比如电视剧中号啕大哭的女主角，即使在插播的广告画面中笑了起来，我们也丝毫不会感到混乱。这是因为，我们很容易就能在电视剧与广告之间迅速切换视听文脉。

以前为了进一步限定用法，我将这种媒体固有的文脉性说成"表象语境"。[13] 因为，媒体形式可以直接用作我们的表象形式。本书第 1 章曾说过，我所用的"语境"一词，主要是对格雷戈里·贝特森[14] 和爱德华·霍尔[15] 的用法加以折中而创造的概念，我在别的论著中已有详细论述。[16] 在此，与表现相关的文脉姑且可以分成不同阶段来理解。就漫画而言，首先有一个故事的文脉来为人物的行为赋予意义，在它的上面就有故事门类这个表现的文脉，它决定了这个故事是严肃的，还是搞笑的。表象语境则又位于它的上面。反过来说，理解漫画作品"内容"的过程，就可以按照如下顺序分成不同阶段：作品的表象语境（漫画）→表现语境（门类）→故事语境→内容理解。不过需要注意的是，这种阶段划分实际上是无效的。因为很显然，内容和文脉具有同时且相互为彼此赋予根据的关系。因此，我要先强调一下，表象语境这个概念只是为方便描述而创造的，无论从何种意义上都不是可分离的实体。

比如，关于视觉媒体，我们可以考虑根据表象语境

　　　　战斗美少女的精神分析

性的程度进行排序。这里的"语境性",是指表现形式自身规定其表现内容的程度。这样一来,根据语境性从高到低的顺序,可以排序为动画、漫画、电视、电影、照片。比如,单纯描述"我看了'照片'"是毫无意义的,但"我看了'动画'"的描述,却容易唤起更具体的形象。这是因为,相比照片,动画这一形式将表现内容限定在一个更狭窄的范围内。换句话说,语境性在漫画中最高,在照片中最低,仿照爱德华·霍尔的说法,我们将之称为"漫画的高语境性"。一般而言,越是大众化的表现,越容易成为高语境(古典音乐与流行音乐的对比)。就视觉媒体而言,画面的信息量越少,语境性越高(电视和电影的对比)。也就是说,越是"冰冷"(精细度低)的媒体,越倾向于高语境。

让我们具体思考一下动画和漫画的高语境性吧。前面说过,两者都是形式和内容密切相关的事物。基于这些表现形式,即使是一部未知的作品,我们也很容易推测其内容和作者。因为,一个画面在一瞬间就传达了作品的门类、内容倾向,有时甚至是作者的名字。或者说,正是这种高语境性,使搞笑与严肃之间的瞬间转换成为可能,而这种动画语法(即所谓的"套路")在电影中几乎是不可想象的。

我认为,高语境这种感觉只有在发送者与接受者之间零距离的前提下才成立。一旦沉浸于这种"高语境空间",我们就能一瞬间了解所有刺激的意义。在那里,情感编码必然比语言编码更容易传播。这种高密度的传播性，有利于将沉浸感发挥到极致。

间主观性媒介或媒体论

说到电影与动画，或电影与漫画之间的差异，首先能指出的就是前文所述的语境性。

在此，我们应该转向媒体论。对于战斗美少女的欲望，表征着我们内在的变质，这种欲望被现代媒体环境"内爆"和延伸。我们可以说，情况或许就是这样，也可以断定情况并非如此。

媒体环境的发达，确实会导致社会结构或多或少地变质。大众媒体产业的发达，其本身已经体现了这种变质。不用说，经济、教育等领域也受到了极大影响。但这种变质，在多大程度上影响到我们的内心世界呢？

从临床上来思考，那里并没有发生任何结构性的变质。我们的神经症主体结构，自从一百年前被弗洛伊德发现以来，直到现在仍完好保存。分析家被要求证明这一点时，会回答说："一般意义上的证明并不是我的职责。"这也和一百年前相同。分析家能够言说真理，但或许正因如此，他们无法证明真理。主体结构的保存，恰恰意味着其欲望结构的维持。这里应当注意的是，为了使欲望结构能够维持下去，欲望对象必须不间断地变换。

如果说我们的欲望对象看似与一百年前有所不同，那是因为我们自身主体不断维持其结构而导致的表面上的变化。没错，媒体的发达确实会造成我们"表面上的"变化，也即欲望对象的表层变化。

从这个"事实"出发，我们至少可以推导出两个精神分析式的结论。如果援引拉康的区分，那么主体结构的稳定主要意味着"象征界"与"现实界"关系性的稳定。而且，我们可以将马歇尔·麦克卢汉所称"内爆"产生的变质[17]，主要看成"想象界"在形式上变化的产物。媒体论的困难之一，即在于此。既然"声音"或"文字"已经是一种媒体，现代媒体还能为其增添多少内容？想象界中的主体变质，常常可以假装"未曾发生过"。就此而言，媒体论总是令人抱有期待，但同时又只能不断拖延做出"结论"。

但是，现在重新探讨媒体环境与想象界的相互作用，未必是徒劳的迂回。

媒体的发展，最明显地体现在视觉领域。原则上，我们已经能够看见一切图像。只要愿意，通过电脑硬盘我们就可以拥有大量图像信息。没错，一切体验都可以存储为图像信息，复制、处理、传输也变得极其容易，这些功能在电脑中具有突出地位，意义非同小可。我们的想象界因媒体而得到显著的拓展和强化，这就是"内爆"而导致的延伸。

媒体手段的多样化也带来了各种副作用。极端地说，手段的多样化可能造成内容与形式的贫瘠化。[18]浏览战斗美少女史就会明显看到，在多样化的媒体空间中叙述的故事都惊人地雷同。在第5章中，我提到过，尽管战斗美少女题材这个门类存在数百部作品，但故事设定只能分出十三个系列。尤其是20世纪90年代以后没有新系列诞生，只是在现有系列之间反复排列组合。在这里，我们至少有必要怀疑，虽然媒体的多样化有助于作品在表面上呈现出多样性，但就整个门类而言，反而使其趋于闭塞。

也就是说，信息越是大量流通，重复部分就变得越多，越单调。比如，电脑通信渗透进日常的现在，很多人每天阅读大量文字材料，写大量文章。结果，我们共用了一套"电脑文体"——虽然具有很高的传播性，但在描写和记述方面极其单调。而且，图像信息的贫瘠化，恰是在"动画绘"的普及中体现得最为明显。

这意味着什么呢？如果提高图像的精细度，更细致地表现运动，那么制作成本和时间则不可同日而语。当然，一般情况下不会有这样的余裕。不过，如果彻底省略，就会沦为符号，变成枯燥乏味的表现（就像美国的"周六早间档动画"那样，只有眨眼和张嘴的动作）。这里要引入的，是日本漫画和动画中的"大眼睛、小嘴巴"传统。

据说，在漫画表现中，无法交给助手来完成的是主要人物的脸部，尤其是眼睛。脸部和眼睛的表现，汇集了全部的作者性。从中诞生的省略技术，首先将背景完全变成舞台布景，使人物符号化。这就为分工创造了条件。其次，为了防止人物过度符号化，作者必须细致描绘表情，尤其是眼睛和手。这是因为，它们在人体器官中占据着最核心的位置。对于眼睛和手的细致描绘，与台词的设计具有同等价值。反过来说，要是眼睛和手画得足够细心，其余部分统统省略都行。此外，随着表情类型的增多，漫符也趋于复杂。上述手段可以在简化制作工序的同时，充分传达多样而又细腻的情感编码，使接受者更容易移情。欧美人经常提到日本漫画或动画中的"大眼睛、小嘴巴"，其源头就是在这样的情境中成立的。这种技术经过打磨，就产生了所谓的"动画绘"，它能以最少的线条传递最大的信息量。

近年来，尽管每幅画本身在设计和色彩方面趋于精致，但整体画风显著地倾向于"静止"，这可能主要是由于制作成本的限制。通过图像的虚化、闪光等效果，以及大量使用兼用卡 [19]，动画巧妙地表现了运动，但仔细一看，发现画面本身并没有太大幅度的运动。"动画绘"之所以有效，或许是因为这种画风本身已经臻于完善，让人丝毫感觉不出任何不自然。而且，这种画风不需要特别精细，因此转换成图像数据也不会特别大。也就是说，我们很容易将其原封不动地移植到游戏中。这样的绘画风格排除了肌理，仅由纤细的线和面构成，使媒体组合，也即从漫画到动画、电影、游戏、人形偶乃至玩具的移植能够顺利进行。

漫画和动画空间为我们的想象界引入便于共享的编码系列。正是这种共享性，将多形态倒错的要素引入这个空间。没错，或许我们直到20世纪80年代，才意识到某个重大的事实，即性对象也可能以漫画、动画为媒介而被共享。正是这一发现，使这个空间中的性描写井喷式增长。诚然，漫画和动画本来是给孩子看的，这种健全的认识如今仍存在。但这些制约也会立即变为有效的创作手法。在"儿童向"这个语境中描写性的时候，几乎不可避免地会带来某种未分化的效果，换言之，也即多形态倒错的效果。

在漫画和动画的虚构空间中，自律的欲望对象得到确立，这正是御宅的终极梦想。御宅所创造的虚构，不是"现实"的性对象的替代品，而是无需"现实"来保障的事物。无论虚构世界被如何精心建构出来，仅仅这样都是完全不够的。为了让虚构获得自律性的真实，虚构本身需要被欲求。只有当这样的虚构成为可能时，"现实"才会向"虚构"屈服。

"虚构" vs "现实"

前文中，我无意间提到了"虚构"与"现实"的对比。当然，我并非单纯地接受这个对比。相反，我认为日常性现实只不过是虚构（即幻想）的一部分，原理上不可能严格地在两者之间画出一条分界线来。尽管如此，我还是提出了这个区分，原因之一就是为了重新讨论"日本"。比如，根据椹木野衣的说法，日本是作为一个"坏的场所"来发挥作用的，任何试图逃离它的表现行为反而会强化这个"场"，陷入恶性循环。[20] 如果能够设想那样的场所，就能够把我前面提到的漫画和动画的场所也涵盖在内。我姑且将其称为"日本式空间"。与之相对，另一个独特的表象空间则是"西欧式空间"。

前面我提到过，在日本式空间中，虚构与现实的对比并没有充分发挥作用。本来，这个对比本身就是基于"西欧式"的思想。众所周知，柏拉图在其理念论中提出"理念—现实—艺术"的区分，艺术不过是对现实的模仿，因而居于下位。这个区分形成了一条复制链，也即现实是对理念的复制，而艺术又是对现实的复制。艺术只能甘居低等位置，因为它是复制的复制，又是模仿的模仿。加之，这还受到了排斥偶像崇拜的犹太教和基督教文化的影响。在"西欧式空间"中，"真实性"现在仍然忠实地对应于这个序列。其中，"虚构的真实"由于预先受到各种限制而被弱化。

比如，在美国大众文化中，地位最高的虚构类型是电影。一个证据就是，无论小说还是舞台剧，改编成电影后地位就会上升。当然，其中可能有诸多因素，但其中之一就是相信真人电影最忠实地模仿和再现了现实。真人的效果受到一种信仰的支持，也即描绘出来的对象似乎可能是对现实的忠实再现。在我看来，真人与动画在虚构性的层面上一般无二，但动画被视为虚构性更强的表现，因为动画有一个局限性，也即它纯粹由人手绘制。因此，动画不可能获得奥斯卡作品奖候选提名，而将永远停留于电影的亚门类。

　　思考一下审查制度，这一点就更明显了。日本式空间的审查人，丝毫不关心表现的象征性价值。只要不是完整画出性器官，不管图像多么具有猥亵性都能公开发表。然而，在西欧式空间中，图像是根据其象征性价值而进行审查的。那些审查人并不关心性器官暴露与否这类细节问题，而是会严格审查图像中是否具有猥亵性或倒错性的要素。举一个例子——音乐人玛丽莲·曼森《机械动物》的唱片封面。曼森赤身裸体，凝视着我们，经过图像合成后，他的身体变成了一个胯部光滑、胸部隆起的少女。这种程度的倒错性，在日本完全没有问题。但在美国，这张唱片在发售时有几家大型唱片店都拒绝摆上货架，甚至发展为一件丑闻。关于图像猥亵性的价值判断，日本与西欧国家之间有很大差异，这样的事例不胜枚举。当然，日本在天皇家族方面仍部分残留着这种图像禁忌，但即便如此，也已今非昔比。随着当初的奥崎谦三*逐渐衰弱，这种禁忌变得越来越淡薄。如今，

---

* 奥崎谦三（1920—2005），日本陆军军人，因试图用弹弓射击昭和天皇的事件而在日本家喻户晓。

雅子妃*在庆祝游行中扔炸弹的漫画已公开出版，纪子妃†与秋筱宫‡的幽会也能拍成动画并播出。总之，对于"猥亵"到底指怎样的行为，事实上我们一无所知。

从这个对比出发，首先能指出如下一点。西欧式空间中的图像表现会遭受"象征性阉割"，而在日本式空间中最多只存在"想象性阉割"。比方说，在西欧式空间中，象征阴茎的所有图像都会受到审查，而在日本式空间中，只要不画出阴茎本身，画什么、怎么画都行。具有讽刺意味的是，我认为在这一点上，日本媒体对表现自由最为开放。不如说，问题恰恰在于这里的"自由"。

在日本式空间中，人们承认虚构有其自律的现实。前面也提到过，在西欧式空间中，现实必然居于优越位置，虚构空间不能侵犯其优越性。为了确保、维持其优越性，人们提出了各种禁忌。比如，性倒错不允许作为图像被描绘。因为，虚构不能比现实更真实。虚构需要被谨慎地阉割，以免变得过于吸引人。这就是前面所说的"象征性阉割"。

人们常说，欧美漫画和动画的女主角大多不会特别可爱。虽然美女和裸体的描写比比皆是，但性魅力却几乎不会直接表现出来。这似乎不能仅仅用双方的技术差别或审美价值的差异来解释。比如，对于现实中的好莱

---

* 雅子妃，即德仁皇后雅子，日本第 126 代天皇德仁的皇后。

† 纪子妃，即秋筱宫妃纪子，秋筱宫文仁亲王之妻。

‡ 秋筱宫，即秋筱宫文仁亲王，德仁天皇之弟。

坞女演员，无论是欧美的粉丝还是日本的粉丝，都会讨论她的性魅力。但如果是虚构的女主角，这样的事情就不太可能发生。比如，尽管女主角"贝蒂娃娃"（Betty Boop）*身着性感服装（吊带袜！），但她只会被视为对性感女演员的戏仿。粉丝不会直接被贝蒂的性魅力吸引。

进一步探讨西欧式空间时，我们就无法绕开出版准则的问题。美漫迷应该都知道，美国在1957年制定了一套被称为"漫画准则"的自主管制规范。有人甚至认为，美漫的黄金时代就此终结。[21]当时，少年违法行为的增长成为一个社会问题，漫画被视为元凶而成为众矢之的。粉丝将其称为"彻头彻尾的灾难"。其内容之详细近乎可笑，令人想到日本校规。粗略浏览一下，会注意到如下几项："不能描写犯罪和离婚""必须劝善惩恶""不能嘲弄警察"。性描写方面也有若干规定，比如"不能描写裸体""描绘女性时应当写实，而不能以夸张的方式描绘其肉体""不能暗示性关系""不能描写强暴或倒错"，等等。就连《海螺小姐》《哆啦A梦》都难逃管制——小学女生洗澡的场景甚至都用不着讨论！如果这种严格的管制在日本实施，那现在发行的所有漫画杂志统统要被迫停刊。[22]

因此，我们完全可以从这种管制的层面出发，来思

---

* 贝蒂娃娃，美国高人气卡通娃娃，由美国纽约费雪兄弟工作室（Fleischer Studio）设计，常以穿着低胸、短裙、裤袜的性感造型出现。

考欧美与日本的差异。不过，在此我要特别指出的是，这种管制怎么看都是一种"防卫过当"。在 20 世纪 50 年代这个时间点上，无论漫画多么流行，都很难想象其规模足以超越电影。尽管如此，漫画准则受到的监管远比电影制片准则来得严格，以至于损害了一个表现门类。我们看到，他们的"图像禁忌"超过了必要的限度。尤其值得注意的是，他们为性表现制定了详细且具体的限制规则。显然，其中存在一种强迫观念，即认为图像本身不应该带有性魅力。

让我们以色情产业为例，探讨一下性的图像表现。不用说，在这个领域中，具有高度写实性（Sachlichkeit）和实用性的表现受到偏重。随着浪漫色情片*衰退，成人录像盛极一时，其中能看到对于简便性和实用性的追求。色情图像变得更加私密化，更容易复制和普及，其表现也变得更加写实化（甚至到了"露骨"的程度）。然而，在日本式空间中，情况则相反。这里有"色情漫画"。再强调一遍，我要论述的不是"色情表现"，而是关于整个"色情产业"。在这个门类中，漫画这个形式被人们选择且赢得一定的人气，这几乎可以说是日本固有的现象。西欧并不是没有以实用性为目的的色情漫画，但其流通规模无法与日本相提并论。

在连成人录像也逐渐变得司空见惯的地方，"色情漫

---

* 浪漫色情片，此指 1971 年至 1988 年由日活公司制作、发售的日本成人电影，故全称为"日活浪漫色情片"。

画"却确立了巨大的市场，这实在让人想不通。前面也提到过，在这个门类中，"动画绘"是一股非同寻常的势力。就"动画绘"与日常性现实的对应关系来看，它的画风并不具有特别的非现实性。尽管如此，这种表现被色情这个讲究实用的领域选择并实现流通。而且，这种情况在欧美根本不可想象。或许，这个对比包含着重大意义。

当然，其中有一个历史背景。伦敦大学文莱画廊的蒂蒙·斯克里奇（Timon Screech）指出，江户时代大量描绘和流通的"春画"，是给庶民自慰用的。[23]

如果真的是这样，那么我们又可以将漫画和动画的源头追溯至江户时代。这是一种通过描绘出来的对象唤起性欲并处理性欲的"文化"。没错，这里的问题当然不是"爱欲的象征性表现"。我们在此遭遇的问题系，不如说是"描绘出来的对象的直接性"。

前面已经多次提到，欧美也有大量动画迷。但他们几乎都莫名讨厌"触手色情片"。他们相信，动画中不需要性。那么，日本的"御宅"呢？他们即使看到那样的色情作品，最多就是无奈笑笑，或者一边举出《乳霜柠檬》《虚月童子》等例子，一边滔滔不绝地讲起成人向动画的历史。在此，我们不能不看到，欧美御宅与日本御宅的情况差别很大。

暂且不论从中能否读出"禁忌"和"压抑"的痕迹，我们先确认一下最低限度的事实。在大众文化的西欧式空间中，无论是"可爱少女"，还是"色情裸体"，都极少描绘为图像。在西欧式空间中，"描绘出来的对象"接受无意识的审查，真实性被限制在一定范围内。我们完全可以将迪士尼动画中显著的变形视为一种"为了抑制而夸张"的技术。在这个空间中，各种因素始终都在发挥作用，以阻止"描绘出来的对象"获得自律性的真实。换言之，描绘出来的对象往往停留于假象层面，以替代现实中的对象。

另一方面，日本式空间又如何呢？在那里，各式各样的虚构被允许拥有自律性的真实。换言之，真实的虚构不需要"现实作为其保障"。在那里，虚构完全没必要模仿现实。虚构可以在其周围开拓独立的真实空间。比如，描绘出来的少女的可爱，就是造成这种真实性的一个重要因素。没错，在那里，虚构必须以自身方式确保性的逻辑。因为，在日本式空间中，性正是支撑起真实性的最重要因素。这当然并不仅限于动画。比如，为何（我所认为的）过去的文艺传统如此强调描绘女性的特殊价值？为何在落语*的世界中，女道乐†备受推崇？又为何在科普漫画中，男孩和女孩必然成对出现？所有这些日本固有的情况都表明，在这个空间中，性是支撑起虚构真实的唯一要素。

让我们假设，接受虚构的自律性才是战斗美少女诞

---

* 落语，日本传统说话艺术之一，成立于江户时代并流传至今。

† 女道乐，由一名或多名表演者使用三味弦、大鼓等进行表演的艺术。

生的重要条件。如果是这样，那么我们无论在何种意义上，都不应该将她们理解为"日常性现实"的反映。比如，我们不能从"战斗美少女受人欢迎"这个现象中，捏造出"现在的女孩子都很有活力"这样的"现实"。"虚构等于模仿现实"这个萦绕在我们心头的想法，也是基于这样的误解。如果是这样，那么这个误解在逻辑上就是一贯的，正因为它是一贯的，所以也是无效的。

让我来继续探讨图像的日本式空间。正如我在前面指出的，在日本式空间中，没有任何表象物遭受象征性阉割。其中虽有围绕性编码进行想象性阉割的行为，但这种行为几乎不会发挥作用，反而会产生一种"否认阉割"的驱力。否认阉割自然是性倒错的初期条件，因此这个空间与倒错性对象具有较高的亲缘性。所有图像都在这个自律性真实的生态体系中各居其位，通过性编码等各种编码，空间被过度地赋予意义。在这个因冗余性而承载了丰富意义的场所中，语境性比分节化的编码居于更高的位置。在那里，意义瞬间就能传达，但意义的源头并非由单一的编码来承担。

这种高语境的表象空间，可能因"流量超载"和"理解超载"而削弱其真实性效果。那么，如何组织起对这种削弱的抵抗呢？一种抵抗的方式，正是性。正如我多次提到的，性本身作为真实的故事要素，是一个不可或缺的前提。不用说，正是围绕性的各种矛盾乃至操作，也即"罗曼司"，为故事引入了"真实"的核心。

在日本的表象文化中，性边界的突破变得相当普遍，这也可以从日本式空间的高语境性来解释。高语境的表现空间，就其性质而言，无法充分利用结构和形式的真实。相反，在那里，语境间切换或转移的瞬间所产生的强度，才会被用来制造真实效果。而且，在动画或漫画等最具高语境性的空间中，以何种方式超越异性恋欲望的语境才是重要的。像战斗美少女这样将雌雄同体、变身（代表迅速成长）、主动性（战斗能力）与被动性（可爱属性）等特征奇妙地混合在一起的角色，正是产生这种"超越的真实性"的绝佳条件。即使其中运用了各式各样的倒错形式，也是自然而然的结果。

作为癔症的菲勒斯少女

让我们来梳理一下到此为止的论述思路。漫画和动画这种表现形态是在日本表象文化的框架内确立起来的，它基本上具有高语境性的特质，并且通过将无时间性、齐奏性、多重人格性等因素进一步纯化，形成了极具传播性的表象空间。为了维持自律性的真实，这种想象性空间几乎必然地要引入"性表现"。"自律性"还意味着，它脱离了接受者欲望的简单投影，并在其表象空间内建立"自律的"欲望经济。此时，接受者的欲望越是符合异性恋规范，想象层面"被表现的性"就越是要超越和脱离这种规范。大致上，我们可以从这个视角出发，来梳理一下漫画和动画的多形态倒错性与接受者欲望的健全性之间的矛盾。

战斗美少女这个形象是一种罕见的发明，它能够安放多形态倒错的性。各种各样的倒错都能在她们身上以可能性的形式潜伏着，但当事人却完全无意识地行动着。她们这些存在，被当成"少年英雄题材"的对立面来接受，进而在女性主义的文脉中充分得到保护。任何批判其倒错性的鲁莽行为都只会让人笑话，因为这种行为和当今的心理学家、精神科医生别无二致。对她们的接受状况，象征了现代社会的——尤其是女性的——存在方式。实际上，这种分析部分是可行的，而且从这个视角撰写的著作 24 很容易受到欢迎。但我对这种分析兴趣不大。时下那些朴素的分析将虚构视为现实的直接反映，正是"混淆虚实"的典型案例。只停留在这个层面上，就根本不可能解释清楚御宅解离式的性。正如我在第 1 章中强调过的，本书经常将如下事实视为前提：可能存在包括日常性现实在内的多个"作为虚构的现实"。在此，无论是我们的日常，还是虚构的真实，都被视为现实的一部分。再次提醒大家注意，这不是观念论，也不是可能世界理论。当我们把"实在界"设想为不可能之"物"的领域时，正因为它是不可能的，才激发了象征界或想象界，并在意义层面上表现为多重的想象性现实。所谓多重人格，也即这种"复数的现实（交替人格）"最极端的表现形式。

在那里，正是唯一的潜在性现实，即"创伤性现实"，将想象性现实复数化。我所说的"（想象性）现实的复数性"，如果不设想作为其起源或潜在形式的"现实界"，那就单纯只是"唯幻论"*的变种而已。

那么，我们再来看看精神分析中经常使用的一个关键概念——"菲勒斯母亲"，它有时用来形容"施展权威的女性"。无论如何，菲勒斯母亲都象征着一种全能感和完美性质。比如，欧美圈那些坚韧顽强的女战士几乎都可以称为"菲勒斯母亲"。但是，为了区别于那些亚马孙女战士，我将战斗美少女称为"菲勒斯少女"。

小谷真理†曾提出过一个极富启发性的观点，即菲勒斯母亲可能承受着某种创伤，比如强暴。[25]我从小谷的话语中得到了一个启示：菲勒斯少女不是没有创伤吗？再回过头来看看《风之谷》，当多鲁美奇亚军队女王库夏娜和风之谷的娜乌西卡被放在一起比较时，我们会对哪一方共情呢？没错，显然是库夏娜这一方。当然，库夏娜更符合西欧式文脉中的菲勒斯母亲。她因兄弟的背叛而体验过种种创伤。最极端的情况是，她的身体确确实实地遭受王虫的伤害。库夏娜正是被王虫强暴的存在，我们非常自然地就能够理解，她是为此而战。而且，如

---

* 唯幻论认为人类是失去现实的存在，包括自身、国家、神、恋爱、性在内的一切皆为幻想，就连我们生活的物质世界都只是类似现实的幻想而已，持有这种观念的人被称为"唯幻论者"。

† 小谷真理，日本科幻作家兼文学评论家，1994年获得日本科幻大奖，"性别科幻研究会"发起人。

果我们迷恋库夏娜，那么这种欲望首先指向的就是她的创伤。在这种叙事框架里，我们在日常生活中对癔症迷恋——其欲望结构，几乎可以原封不动地套在库夏娜身上。

娜乌西卡又是什么情况呢？她的行为有诸多难解之处。她为何如此深爱王虫，即使献出自己的生命也要拯救王虫之子呢？这固然令人感动，但或许我们只是感动于一种倒错性的自我牺牲。娜乌西卡的行为不是出于任何个人动机，因而显得空虚。这是为什么呢？

娜乌西卡没有创伤。诚然，在故事开头，当她的父王被多鲁美奇亚士兵杀害之后，她因受到刺激而瞬间杀死多名士兵。直到尤帕竭力制止她时，杀害的镜头才停止。父王被杀，不正是娜乌西卡被强暴的创伤吗？有人或许会认为，这样解释亦无不可。但是，让我们试着回想一下。娜乌西卡杀害敌人的场景揭示了什么？没错，就是她的战斗能力早已作为某种技能被彻底习得，甚至让我们感到她或许经历过多次实战的磨炼。而且，若是如此，那么娜乌西卡在这个唯一的创伤插曲发生之前，就已经是菲勒斯少女了。

故事进入后半段，娜乌西卡为保护王虫而战。那里已经没有任何创伤的痕迹。或许，她根本就不是被强暴的存在。没有被强暴的存在，换言之就是缺乏任何实体性的存在。我们不会将《风之谷》解读为创伤及其反复或恢复这类通常意义上的故事，也不会将其解读为神经症式的故事。这是为什么呢？

较之以强暴创伤为根据而战的菲勒斯母亲，菲勒斯少女的战斗缺乏充分动机。正如我在第 5 章中详细验证过的那样，菲勒斯少女登场的作品可以归入十三个系列中的某一个。参考第 5 章的表格就会明白，其中几乎没有以少女的创伤或复仇为主题的系列。当然，动画和漫画作品基本只讲一个故事，创伤及其恢复或复仇很难成为主题，这也是事实。然而，事实当然不止于此。或许，所有的菲勒斯少女都是彻底空虚的存在。某天，她突然闯入异世界，毫无必然性地被赋予战斗能力。就像娜乌西卡那样，她的战斗能力要么是一种不言自明的前提，要么是"无缘无故—突然—从外部"带来的。无论如何，此时她都被置于巫女一般的位置，这一点应该没什么人反对。既然是巫女，也就意味着她的存在如同为异世界牵线搭桥的媒体。没错，她所发挥的破坏性力量，并非由其主体操控，而是体现为一种在异世界之间发挥作用的排斥力。因此，作为媒体的她自然就是空虚的。这种因空虚而传播欲望和能量的女性，被包括我在内的一部分精神动力学者[26]称为"癔症"。

　　绫波丽的空虚，或许象征着所有战斗少女共有的空虚。毫无存在的根据，缺乏创伤，缺乏动机……正因为空虚，她才能够将虚构世界当成永远的居所。正因为毫无根据，漫画和动画这类彻底的虚构空间中，才会产生悖论性的真实。也就是说，正因为被置于极度空虚的位置，她们才能获得理想中的菲勒斯功能，使故事运转起来。而且，我们的欲望不也是被她们的空虚唤醒的吗？

在此，让我们稍微详细探讨菲勒斯少女的癔症身份。癔症是指我们欲望的（因而也是真实的）一种结构形式。我们发现癔症时，已经完全被癔症吸引，根本不会去质疑它的实在。

癔症现在通常与精神分析相关联。弗洛伊德将其视为精神分析的起源。更彻底地坚持弗洛伊德主义的拉康，则发现了我们所有人内在的癔症结构。比如，这一点最明显地体现在我们对女性产生欲望的时刻。

当以恋爱之名对女性投射欲望时，我们通常会将女性癔症化。当我们被一个女性的表层吸引时，我们会愿意相信，吸引我们的是这个女性无形的本质。所谓"癔症化"，首先意味着"可见的表层"与"不可见的本质"之间出现了背离和对立，而这种背离和对立本身是毫无根据的。同时，这里所说的女性的本质，实际上又等同于创伤性。我们所迷恋的，正是女性的创伤。在大众文化中，我们能够找到很多线索来揭示这一点。[27] 受伤的女性，正因其创伤性而被人喜爱。

假设我们会对充满攻击性的成年女性产生迷恋，那么这种情况就可以被描述为"菲勒斯母亲的癔症化"过程。不用说，这种描述并不直接意味着充满攻击性的女性本身患有癔症。更严谨地说，它描述了我们与对象女性之间关系性的变化，而且这种描述关注的是其中具有象征性的成分。当对象女性留给我们充满攻击性的印象

　　　　　　　　战斗美少女的精神分析

时，我们就在象征性的层面上发现了菲勒斯母亲。进而，当我们感知到其攻击性"深层"的某些创伤性，并因此爱上她的时候，我们可以说就是在象征性的层面上把菲勒斯母亲癔症化了。而且，引起这些变化的领域，不仅限于我们的主观层面。既然它是关系性的变化，那么在日常性现实中，这种变化就不能不通过转移和投射的过程将对象女性卷入其中。因此，癔症化的过程，通常无外乎就是爱的过程。

而且，与菲勒斯母亲一样，菲勒斯少女也会因为欲望的目光而遭到癔症化。当然，我们很清楚，她们是被描绘出来的存在，没有任何超越其上的背景和本质。为何这丝毫不妨碍我们的欲望呢？或许，这是因为她们缺乏完美的实在性。就战斗美少女这个存在而言，其与生俱来的虚构性才是重要的。与独角兽问题 * 一样，这不是关于战斗美少女能否在日常世界中实际被发现的问题。[28]在这个世界上，我们已经接受并爱上了菲勒斯少女这个完美无缺的存在。而且几乎可以确定，正是她的非实在性使这种欲望成为可能。

至此，我们终于能够体会到日本式空间在菲勒斯少女的生成中发挥的作用。西欧式空间试图通过留下一个与现实的切入点——可以说是现实的尾巴——来确保真

---

* 美国哲学家克里普克（Saul Aaron Kripke，1940—2022）在其著作《命名与偶然性》中举了独角兽的例子，来说明命名行为与描述的确定性之间不存在必然关联。另外，在精神分析学中，独角兽是欲望的象征，它涉及欲望的实现这个与本书高度相关的议题。

实；相反，日本式空间并不执着于这样一个切入点，反而常常主动从日常性现实中抽离。我们之所以能够享受虚构的乐趣，并非因为它是对现实的虚拟，而是因为，它不过是要求主体转换位置的另一个现实。

然而，为了维持与日常性现实相分离的另一个现实的空间，通常需要性的磁场。因为，在我们的各种欲望之中，性欲才是最能抵抗虚构化的事物。性欲不会因为虚构化而被破坏，因此能够轻松地将其移植到虚构空间中。这也是因为，人类的性本就和虚构有亲缘性，而无需生物学的根据。描绘出来的金钱、描绘出来的权利之类的东西无法唤起我们的欲望，但说到描绘出来的裸体，就另当别论了。虽然我们知道它是被描绘出来的，但我们会充分做出反应，有时甚至是生理反应。这种反应是如此真实，就像我们无法嘲笑跳向狗尾草的猫。虽然这绝不可能是我们的本能，但性这种东西，正是表面上看好似本能一般的根源性事物。

为了让世界保持其真实性，就必须通过欲望来充分激活它。一个没有被欲望赋予深度的世界，无论被描绘得多么精细，都将沦为平面的、脱离人性的布景一般的东西。然而，一旦带上性的元素，这个世界就能确保一定的真实性，无论它被描绘得多么糟糕。从色情漫画的兴盛中，我们首先能够知道的就是这个事实。

菲勒斯少女是欲望的关节点，她将真实带入虚构的日本式空间。投射在她身上的欲望，才是维持这个世界真实性的基本动力。在此意义上，她的存在类似一个诱饵或圈套。进一步说，作为回收性欲的表层存在，她也具有癔症的性质。除此之外，她与癔症之间还有诸多共性。菲勒斯少女对于自己的性魅力是毫不自觉、漠不关心的。换句话说，虽然她漠不关心，但又不能不发挥性魅力。这种漠不关心与充满诱惑的表层之间的矛盾，就是癔症的最大特征。正是这种漠不关心，比如她天真无邪的行为，才可能成为最大的诱惑。这往往与癔症者表现出的一种态度相同，即所谓的善意的漠不关心。另外，纳西奥*所指出的"癔症者性器官的去性化以及身体的爱欲化"[29] 也说明了菲勒斯少女的特异性。她是否在故事中发生性行为并不是问题所在，重要的是，作为接受者的我们自身，无法与她建立性关系。正因为是无法抵达的欲望对象，她的特殊地位才得以确立。然而，在那之前，我们应该已经习惯了在表征女性时抹去性器官并将其身体爱欲化。没错，渗透进大众媒体之中的、归根结底属于想象性的道德准则（即想象性阉割），导致了仅有性器官被抹去的奇妙裸体照大量传播。在熟悉这些表象物的过程中，我们充分习得了在想象中将女性癔症化的技术。

那么，让我们回到主题。菲勒斯少女为何要战斗？她的战斗能力，最直接地表现了她对于菲勒斯的认同。根据纳西奥的说法，"（癔症）通过凝视并认同被阉割的

他者，而实现菲勒斯化"。菲勒斯少女不也是经常为自己所爱的少年（软弱无力的被阉割的存在）战斗吗？癔症者在身体症状的表现中，将自我菲勒斯化。这样一来，菲勒斯少女的战斗又可以视为她的一种症状。她并非能够战斗的存在，而是通过战斗使存在变为可能。她并非因为可爱而被人喜爱，而是因为她的战斗能力而被人喜爱。正如癔症者的存在证明被书写为症状一样，菲勒斯少女的存在也被记录了战斗这一症状之中。

在此，她的癔症性发生了微妙的动摇。没错，她不是一个没有创伤的存在吗？对于一个连幻想的创伤都没有的存在来说，会有什么症状呢？再说了，癔症者是一个视享乐为危险而拒绝享乐的存在。再引用纳西奥的说法，"癔症的发作相当于性高潮"。那么，为什么菲勒斯少女要战斗呢？换言之，为什么她不会对"战斗＝性高潮"产生恐惧并试图回避呢？

当我们拿现实中的癔症患者与菲勒斯少女进行对比时，最明显的差异就是有无创伤性，或者说，就是症状与战斗行为的对比。关于后者似乎有必要做一些解释说明，因此我先来稍微详细地探讨一下癔症的症状。

癔症的症状，在拉康那里被视为对女性性质之谜的质问。[30] 对于性别的质问，无非就是对存在本身的质问。这种质问朝向的是象征界，即大写的他者。我们的存在、我们的欲望只有在与这个象征界的关系中才成为可能。癔症也是凭借其症状维持与象征界的关系。因此，症状与存在本身具有同等价值。这就几乎相当于前文所述的癔症因症状而实现菲勒斯化。菲勒斯是存在本身的象征，一切存在皆以隐喻链为中介传送给菲勒斯。换言之，为了在与象征界的关系中声明存在，必须先确保隐喻性的菲勒斯在场。

表面上看，癔症呈现出多种多样的症状，但这种多样性与女性这个表层存在所展现的多样性是平行的。它们无法被任何一种形式和法则规定，因此看起来是缺乏本质的存在。不过，癔症可以用精神分析的方法来描述，因为它是基于性这个不可动摇的前提而发展起来的一种多样性。然而，对女性本身的质问，就变成了对于性的根源或象征界之起源的质问。它被视为一个在男性性质之外延伸出的无限领域，无法对其做本质性的描述。只要象征界是一个以菲勒斯为主导的领域，这就不可避免。这种描述的不可能性，表现为拉康明确提出的"女人不存在""对女人而言女人也是个谜"等说法。

对于癔症患者性别的质问，无论男女都指向女性之谜（因此男性癔症的事例都有女性化倾向），但同时他们又完全依赖性别差异的象征性价值。换个角度来看，他们的症状也可以解释为，对于象征界，即大写的他者，既依赖又抵抗的姿态。不用说，抵抗进一步加深依赖。而且，依赖行为会因其创伤性而趋于极致。这是因为创伤才是具有现实性的事物吗？当然不是。

在癔症的治疗中，患者所叙述的创伤体验的事实性几乎不会成为问题。严格来说，创伤被视为回溯癔症症状时所见到的幻想。癔症的真实或癔症的崇高，都被置于这种幻想的层面。

我们可以将上述内容整理为如下等式：

"癔症症状"＝"对于女性性质的质问"＝"（作为幻想的）创伤"＝"菲勒斯"＝"存在"

虽然癔症中包含创伤的幻想性，但这个等式丝毫不代表癔症是装病。癔症患者会为了说谎而孤注一掷。除非在治疗关系中，患者至少能有一次机会分享症状的真实性，否则治疗本身就无法成立。但同时，他们所叙述的创伤体验虚实难辨，治疗师必须非常慎重地对待。既然他们的症状是极其认真的质问，治疗师至少应该真诚地解释他们的问题，同时又必须充分意识到患者的质问中蕴含的诱惑。在此，治疗师不得不产生态度的分裂，这几乎会让治疗师也表现出治疗者那样的癔症化。在近乎同等意义上，当我们把女性当成女性来爱的时候，换句话说，当我们将女性癔症化的时候，我们自身也会落入癔症的领域。而且，正是在那一瞬间，我们触碰到了癔症的真实。

菲勒斯少女的战斗行为，与这些癔症症状正相反。比如，现实中女人好战的态度是一种症状，我们能够从其深层发现创伤的痕迹，但虚构中的战斗行为，其动机和相应的行为具有同等意义，我们无法从中读出任何深层内涵。菲勒斯少女缺乏创伤性，这意味着其行为缺乏深层内涵。临床上的癔症患者虽然抱有创伤，却不会战斗，只是不断通过症状来质问自己的性别，这与菲勒斯少女缺乏创伤却仍然战斗是等同的。在这一点上，癔症发生了反转。

我们在爱上女性时，之所以能够将女性癔症化，无非是因为眼前存在的这名女性的实在性。正因为有这种实在性，我们才能将"女性不存在"这类悖论理解为真实。当我们将这种实在的个体表征为女性，并试图在其背后寻找女性崇高的（往往也是带有创伤性的）本质时，我们就是在试图通过双重手段来证明"女性的缺席"。正如纳西奥所说的那样，"癔症生产'知'，但回答永远延迟"。没错，永远得不到回答的"知"，不恰好证明了"女性的缺席"吗？[31] 在此意义上，癔症提出的"身为女性是什么"的质问也就是对于自身存在的质问。其存在的真实性，通过"不可能回答这个质问"而得到悖论性的保证。因为，对于不可能回答的谜，我们不能说这个谜不存在。

癔症的症状在虚构空间，即以视觉为媒介的空间中得到镜像式的反转，这就形成了菲勒斯少女的战斗行为。现实中的癔症通过症状的隐蔽来提高其自身的菲勒斯价值；与之相对，菲勒斯少女在直接体现菲勒斯的同时，又通过彻底的缺席获得了象征性价值。如果像我说的那样，日本式空间为背离日常性现实的虚构的自律空间奠定基础，在那样的空间中生成的战斗美少女，不用说本来就已经是个"有所缺失的存在"。她与任何实在性或实体性都切断了联系。不如说，御宅的欲望反而揭露了她的缺席：不仅显明其制造过程，还通过戏仿和模拟进一步对其加以虚构化。为什么真实性没有因此减弱呢？就像齐泽克所说的那样，这是因为，理解幻想的机制会让人更加沉浸于幻想。[32] 然而，原因当然不止于此。

在菲勒斯少女中排除创伤性，是其存在的虚构性所不可或缺的设定。所谓存在的虚构性，换句话说，就是纯化作为前提的"缺席"。这是为什么呢？因为如果设定了她的"创伤"，那么"日常性真实"就会侵入其中。日常性现实的渗透压会迅速污染纯粹的虚构空间，从而产生出像寓言一样的东西，不伦不类，又缺乏真实性。这样一来，纯粹（真实）的幻想故事便无法成立。无论在何种意义上，她的战斗都不能变成一种"复仇"。不如说，少女的战斗必须是一种"描绘出来的享乐"。不过，精神分析中的"享乐"不仅仅意味着通常意义上的快感和快乐。应该说，它是一种实在界中的快乐，其效果是带给我们真实感。当我们从对象中发现真实的时候，我们就触摸到了享乐的痕迹。换言之，享乐只有被置于不可能抵达的场所时，才能唤起真实的欲望。

再次援引拉康的说法，菲勒斯是享乐的能指[*]。[33] 菲勒

---

[*] 现代语言学创始人索绪尔（Ferdinand de Saussure，1857—1913）提出了"能指"与"所指"这对概念。其中，"能指"是语言文字的声音和形象，其指涉的意义即"所指"，两者之间的关系是自由选择的，但在特定的社会文化语境中，它们的对应关系是强制的、约定俗成的。

斯少女在战斗时，一边认同菲勒斯，一边享受战斗的乐趣，其享乐在虚构空间中得到进一步的纯化。那么，我们又是通过怎样的回路迷上她们的呢？正如我们已经看到的，她是反转过来的癔症。当我们被现实的癔症吸引时，我们就会从身体形象（性）这个爱欲化的实体出发，将欲望投向其深处的创伤（真实）；至于面对菲勒斯少女时，我们首先被她的战斗，即享乐形象（真实）吸引，再通过将这种形象与描绘出来的爱欲魅力（性）混为一谈，从而"萌"上。也就是说，无论是现实中的癔症，还是虚构中的菲勒斯少女，性与"真实"都紧密相连，不可分割，而且都会被癔症化。在这一点上，两者是等价的。这样一来，她们都试图以异性恋欲望为媒介，引导我们进入癔症的领域。

回到达格

我常常想到达格的事情。或许，他最强烈的愿望就是为自己的作品赋予"自律性真实"的魔法。为此，他耗费大量时间，利用了一切对他来说可能的技术手段。最让他着迷并不断激励他继续创作的，正是他自己所描绘的菲勒斯少女。如果说癔症使我们着迷的是它的症状，那么让达格着迷的则是由他自己开辟的幻想空间中那些被反转的癔症少女。"反转"的迹象，最极端地体现为画中的菲勒斯少女。在一个不受现实约束的虚构空间中，换句话说，在一个被媒介化了的空间中，相比描绘出来的癔症本身，反转的癔症更有可能成为真实欲望的对象。发明菲勒斯少女的功绩，仍应当属于达格一人。

作为一名神经症者，达格患上了永远的青春期病。他限制了自己的社会关系，彻底把自己关在家里。诚然，他也就业，或许可以称得上"参与社会"了。但在我看来，达格选择就业，只是为了把自己和社会完全隔离开来。如果不就业，为了生活下去，他就只能利用福利设施或寄身于无家可归的同伴之间。无论选择哪条道路，他都将不得不面临麻烦的人际交往。维持不起眼的、最低限度的工作，让他的存在变得更加透明。通过这种"拟态的就业"，达格将自己的圣域完全封锁了起来。结果，他在漫长的六十年间一直处于青春期。

然而，有个遗留问题：对于没有罹患精神病的人来说，这样的事情真的可能吗？根据我自己的临床经验，这是完全可能的。虽然未及达格那样的程度，但近年来长时间宅在家的青少年不断增多。[34] 他们中的很多人从不愿上学开始"发病"，长此以往，最终成年后也离不开家，其中一些人都快三四十岁了。尽管没有伴随精神疾病，但这种状态会长期持续，人们对这一事实还不完全了解。我相信，从他们的存在中，能够多多少少推测出达格的心理状态。当然，并不是每一个宅在家的青少年，都能发挥达格那样的创造性。不如说，达格在这一点上是一个突出的例外。那么，什么样的能力使达格的创造性成为可能呢？

我认为，那正是达格的遗觉象能力。前面我简要地说过，遗觉象能力多为小孩具备，但随着年龄增长会不断衰退。人们尚未知晓其衰退的原因，但我认为其中一个重要原因，可能和社会化训练有关。达格没有接受充分的教育就开始了独身生活，其后也几乎与社会断绝关系。如果真是这样，那么道理也就说得通了。在那样的成长和生活的环境中，达格的遗觉象能力没有被消耗，完好地保存了下来。

正如我们知道的，遗觉象不同于通常意义上的"形象"（image）。据说，遗觉象宛如在眼前展开的风景画，你能够仔细观察并审视其中的细节。因此，与其说它是想象性的形象，不如说它是最具实质性的图像。换用亨利·柏格森的话来说，它具有完全符合"物象"（imagé）[35]定义的实体性。* 在此意义上，遗觉象可以说超越于形象而存在于表象之外。我们可以试着推断，达格创造性的核心中，存在这种遗觉象的物象。

在此，达格的自恋癖成为一个问题。达格的绘画之所以带给我们冲击，是因为它几乎完全是自恋的产物。

---

* 物象是柏格森在《物质与记忆》中提出的概念，imagé 对应于英语词 image。image 通常翻译成"影像""形象"等，柏格森完全改变了 image 这个词的既定含义，将其定义为一种介于"物体"（chose）和"表象"（représentation）之间的存在物。这里认同王理平的观点，将其译为"物象"，一方面取"物"字来表达它的自足性，另一方面"象"又毫无疑问表示其"图像"的含义。参见王理平《差异与绵延：柏格森哲学及其当代命运》，人民出版社 2007 年版，第 134 页。

这种表现行为没有特定对象，非常纯粹，因而打动我们。米歇尔·巴林特曾描述过这样一个精神领域，它是一个"既没有对象关系，也没有转移的神秘领域"[36]，如果能继续写道，这个领域可以直接触及"创造领域"的活动，会不会显得过于想当然？

然而，这样一来，他的自恋又朝向哪里呢？从自传的叙述中可以推测，达格为自己描绘的形象（现在却成了腿脚不好使的老东西），并没有特别夸大事实或将事实理想化。也就是说，他的自恋并没有朝向他的自我形象。不如说，其对象是生成于他内心的物象，即由遗觉象提供的物象。当达格的自恋癖再次作用于表象外部的遗觉象时，物象就会发挥催化剂的功能，无穷无尽地生成幻想。他的王国不断获得自恋式的力比多投注 *，并如同一个内环境稳定的 [37] 幻想生态系那样得到维持。而且，描绘菲勒斯少女来替代创伤，在抵抗成熟的同时又不断编织着无休止的战争故事，这些行为都给这个生态系带来了新的生成驱力。这种"生成"，通过媒体操作得到了进一步的完善，而这个视角或许会为我们带来意外的发现。

当然，在描述一部作品的创造过程时，这个模型或许过于简单化了，但这个模型有其必要性。现在，我们必须转向更一般化的叙述。让我们假设，在他的小房间

---

* 力比多（libido），又译"性力"，是弗洛伊德精神分析理论中的重要概念，指性本能的一种内在力量，又泛指一切身体的快感。弗洛伊德认为一个人也可以把自己当作力比多投注的对象，也即自恋主体把自己当成客体进行力比多投注，因此有了这里所说的"自恋式的力比多投注"。

里发生的事情，以远比这个房间更大的规模——首先是在日本——不断重演。至此，在与达格的邂逅中发现菲勒斯少女问题系的经过，终于有了积极的意义。没错，我们现在必须为达格赋予"唯一的独特征兆"这个定位。现代媒体环境与青春期心性的相互作用，带来了怎样的创造性？达格为此提供了一个具有征兆性的模型，而我们又使其反复。这个"反复"，通常是在不自觉的状态下形成的，因而带有更纯粹的精神分析的价值。

我们假定达格拥有的遗觉象能力已不再是必需品，因为我们拥有了极其发达的媒体环境。在这样的环境中，我们的视觉和记忆都得到了显著的扩展，任何视觉形象都能立刻拿来参考、复制、传播。至少，我们可以充分相信这种可能性。当青春期心性与这样的空间相联结，并发生相互作用时，即使从中召唤出菲勒斯少女这样的形象，也不足为奇。况且，在一个没有被想象性阉割的地方，比如在达格或我们自身的想象空间中，菲勒斯少女会表现得更加生机勃勃。正因为她与日常性现实彻底背离，彻底无缘，所以才能轻易地栖居于一切可能的媒体空间之中。

媒体

"直接的现实"这个分类早已失效。将现实与虚构对立起来，对于实际的描述已经毫无助益。无论这种对立是否真实，以这种对立为自明前提的议论通常无聊至极。这个过程或许也对应于纯粹虚构的不可能性，或纯粹媒体的不可能性。这种认识不可逆，不管我们怎么努力，都无法找回从前那种天真的认识。我们共有的幻想，现在几乎仅仅变成了一个幻想，也即"我们一边消费着大量信息，一边活着"。关于这种幻想性，我在前著《文脉病》中详细地讨论过，这里就不再重复了。

我们活在"信息化日常"这一幻想之中。对于我们而言，"比现实更真实的虚构"这种存在丝毫不足为奇。关于"虚构的自律性"亦是如此。将欲望与那个空间相联结，并启动战斗少女，也是极其自然的行为。在此，我试图解读出一种无意图的欲望反转。我们为何会被绝不存在的菲勒斯少女吸引呢？这不正是一种抵抗世界信息化，也即抵抗整个世界变成扁平虚构的战略吗？

不如说，我们前所未有地对于虚构的样式感到过敏。我们的认识常常受到限制，这不过是遵循神经系统或心理组织的逻辑而构成的形象。而且，我们相信所有的认识都能够变成信息。借此，我们能够一次次地断定"一切不过是虚构"。但请注意，这也不过是一种天真的虚无主义的表现。比如，虽然拉康的理论仍是一个强大的参照系，但它也带来了"朴素唯幻论""朴素形而上学"的副作用。这种"认识论转向"充其量只是在自我言说的回路中引入虚假的复杂性。

性，就是与信息化幻想所导致的虚构化和相对化抵抗到底的事物。现在，性尚未被描绘为"完全的虚构"，以后也不会。从亨利·达格的作品或日本式空间中，我看到的是一个菲勒斯少女的形象，当暴露在媒体空间中的人们试图逃回到"信息化幻想"中时，她就会显现出来，打开"真实"的回路。无论她们被设定成什么样的角色，无论她们被描述成具有什么样的"性能"（specification），在我们欲求她们的瞬间，"现实"就会介入其中。这不是我前面慎重讨论的"日常性现实"。这里所说的"现实"，是指现实性事物的运作，这些事物如今在基底层面上支持着"日常性现实"的逻辑。通过自身欲望的回路，我们接触到"女性不存在之谜"这个"现实"。此时，动画等媒体空间就成了一个避难所，用来确认性这个"现实"。我们在这个场所中充分地体验了欲望经济，此后回归日常生活。我们只有将实在界视为一个不可能的领域，才可能理解虚构与现实的对比不过是想象而已。只有基于我们自身的性这个现实功能，我们才能理解这个道理。

我们从菲勒斯少女的存在中看到了"现实"。这是因为，不知道"性的现实"，就无法爱上她们。不用说，"性的现实"与性经验的多少毫无关系。这关联着一个"现实"，也即我们别无选择地成为"具有性欲的存在"。但是，人们常常试图忘掉这个事实。"信息化幻想"造成了一种错觉，也即随着媒体发展成熟，我们的思维开始完全按照"想象界"的原理来运作。比如，在雪莉·特克尔的

论述 [38] 中就可以看到这类典型事例。她预言，精神分析会随着象征界的消亡而衰退，"心灵"将会变得能够通过可视化界面来操作，就像苹果电脑的桌面那样。只有当我们无视"性的现实"时，这种预言才有效。

为了不陷入这种错觉，我全面肯定御宅式生活的形式。我绝不会劝他们"回到现实中去"。因为，他们比谁都更"了解现实"。无论什么样的共同体，都会有堕落的、病态的生存方式。这一点是没有差别的，无论是发烧友共同体、御宅共同体，抑或是精神分析共同体。在此我要揭露的是，喜爱动画却排斥性这一态度的欺骗性。因为，如果说自觉地过着"解离的人生"会带来某种正直和道德，那么在虚假人生的一贯性中，就寄寓着虚伪和欺骗。

在一个过度信息化的幻想共同体中，我们应该如何展开"生的战略"呢？无论看起来多么"适应不良"，爱上菲勒斯少女仍然是一种为了适应的战略。作为逻各斯*的构成物，心理组织该如何抵抗借由媒体进行的信息化呢？如何在已经变质、淡化以至于产生"象征界失灵"这种误解的共同体逻辑下，度过"神经症者的人生"呢？一个解答就是，"利用自己的性"。即使只是一种过渡手段，爱上菲勒斯少女也是对于自己的性这一现实的自觉，因而这无外乎是我们自己选择的一种行为。

---

* 逻各斯，意为"理性"和"语言"，由古希腊哲学家赫拉克利特最早引入哲学，泛指事物的本质和规律。

注释

1　正如松浦寿辉指出，"形象"以"真实性"、"偶发性"、"倒错性"为构成要件（「電子的レアリスム」『Inter Communication』10 三卷四号，一九九四）。他认为，既然"形象"延迟并扰乱了欲望的消费，则必然具有倒错的性质。不过，他又以《侏罗纪公园》为例提出，电子现实主义这一概念因其"直接性"而与这类倒错背道而驰，对此我表示极大怀疑。CG 的描写已经开始让人感到厌倦，其表现力甚至远不及漫画所具备的"直接性"。

2　这让我们立刻联想到德勒兹在《电影》中对于"运动影像"（image movement）与"时间影像"（image temps）的区分，但我在此处理的问题几乎仅限于"运动影像"的领域。

3　根据养老孟司的说法，人脑有"视觉系"和"听觉—运动系"两大功能（養老孟司『唯脳論』青土社、一九八九年）。我们可以将这理解为认识"真实"的两大体系。如果说，视觉系的真实是无时间性的认识，那么听觉—运动系的真实则需将时间要素纳入认知才能成立。举个具体的例了，想一想如下画面，画面上只有随机散布的点，只要点保持静止，我们就无法从中读出任何含义。但如果一系列的点仅在几秒钟内发生了运动，情况会如何呢？仅仅如此，我们就会将这些点理解为（比如说）对人的动作的模仿。这种动画占用的图像信息容量极小，但我们从中感受到的真实性却远超精细的静止图像。换言之，当"运动"被表现的时候，我们就不得不对其加以接受。

4　加藤幹郎『愛と偶然の修辞学』勁草書房、一九九〇年。

5　斉藤環「『運動』の倫理」『文脈病』所収、青土社、一九九八年。

6　中井久夫「精神分裂病の寛解過程における非言語的接近法の適応決定」『中井久夫著作集第一巻　分裂病』岩崎学術出版社、一九八四年。

7　『別冊宝島 EX——マンガの読み方』（宝島社、一九九五年）聚焦于庞大的编码表现，彻底整理为一个体系。

8　ショット、F—L.『ニッポンマンガ論』樋口あやこ訳、マール社、一九九八年。

9　高畑勲『十二世紀のアニメーション』徳間書店、一九九九年。

10　ラカン、J.「日本の読者によせて」『エクリ I』宮本忠雄ほか訳、弘文堂、一九七二年。

11　バフチン、M.『ドストエフスキーの詩学』望月哲男、鈴木淳一訳、ちくま学芸文庫、一九九五年。

12　バフチン、前注書。

13 斉藤環「『運動』の倫理」、『文脈病』所収。

14 参考第一章注释 8。

15 参考第一章注释 9。

16 斉藤環「コンテクストのオートポイエーシス」、『文脈病』所収。

17 マクルーハン、M.『メディア論——人間の拡張の諸相』栗原裕、河本仲聖訳、みすず書房、一九八七年。

18 日本建筑种类繁多，但社会是受管制的。美国社会混乱不堪，但城市设计却考虑周全且井然有序。

19 "兼用卡"指女主角变身、特定姿势等可重复利用的场面。

20 椹木野衣『日本·現代·美術』新潮社、一九九八年。

21 Les Daniels, *Comix: a History of Comic Books in America.* Outerbridge and Deinstfrey, 1971.

22 1998 年出台的儿童色情管制法案，即《关于惩治与儿童卖淫、儿童色情有关行为及保护儿童的法律纲要（草案）》，被广泛要求修订，因为该法的通过，将会和"漫画准则"一样，对漫画、动画的表现产生毁灭性影响。1999 年第 145 届国会制定的法案对若干内容进行了修订，"图画"不再受到国家管制，日本暂时避免了发生"彻头彻尾的灾难"。

23 タイモン·スクリーチ『春画——片手で読む江戸の絵』高山宏訳、講談社、1998 年。

24 比如斎藤美奈子『紅一点論』（ビレッジセンター出版局、一九九八年）等。

25 这是在 1998 年 4 月 12 日 Loft Plus One 脱口秀节目上提出的观点。

26 "精神动力学"即精神分析式的精神医学。严格来讲，没有接受过教育分析的人不能自称"精神分析家"。在此意义上，本书著者不可能是精神分析家，但就始终将精神分析作为临床上的参考框架这一点而言，可以说笔者的立场就是"精神动力学"。

27 比如，在"演歌"这个门类中，女性的心理创伤是一个极其重要的元素，因为它投射了观众的自恋癖。此外，近年来在小说，尤其是悬疑小说这个门类中，心理创伤的比重不断提高。最显著的例子可以举出天童荒太的《永远的仔》（幻冬舍）。在这部小说中，女主角是遭受虐待的受害者，她的魅力占据着重要位置。

28 クリプキ、S·A.『名指しと必然性』八木沢敬、野家啓一訳、産業図書、一九八五年。

29 ナシオ、J-D.『ヒステリー』姉歯一彦訳、青土社、一九九八年。以下对纳西奥的引用都出自同一本书。

30 ラカン、J.「転移に関する私見」『エクリⅠ』宮本忠雄ほか訳、弘文堂、一九七二年。

31 ナシオ，前注书。

32 ジジェク、S.「サイバー・スペース、あるいは存在の耐え垂れない閉塞」『批評空間』第Ⅱ期第十五号、太田出版、一九九七年。

33 ラカン、「ファルスの意味作用」『エクリⅢ』宮本忠雄ほか訳、弘文堂、一九八一年。

34 斉藤環『社会的ひきこもり』PHP新書、一九九八年。

35 ベルクソン、H.『物質と記憶』田島節夫訳、白水社、一九九九年。

36 バリント、M.『治療論からみた退行』中井久夫訳、金剛出版、一九七八年。

37 组织或细胞为了维持内环境的恒常性，具有调节生理过程的倾向，我们将其称为"内稳态"（homeostasis）。达格的幻想世界也受到这样的调节：一边对抗来自外界的刺激，一边维持一定的恒常性。比如，达格切断与社会的交流，维持蛰居状态，这也有助于形成内环境稳定的功能。

38 タークル、S.『接続された心』日暮雅通訳、早川書房、一九九八年。

后记

　　1993年秋，我收到了一封邀请函。据说，世田谷美术馆要举办一场以"局外人艺术家"为主题的展览会。我作为一介民间医生，为何会受邀参加这场以"平行视觉"（parallel vision）展为名的活动呢？我到现在还不是很明白其中的理由。或许是因为，我恰好是精神科医生，同时又是日本病迹学会的会员。根据日记上的记载，我实际出发的日子是10月17日，那是一个天气晴朗的星期天。

　　我一直期待能够亲眼见到普林茨霍恩的收藏品，这些收藏品在病迹学领域久负盛名。但等待我的，却是与一位作家的邂逅，完全出乎我的意料，就像是一场意外。亨利·达格，这位我从未听说过的作家创作的绘画，或许是从一个与"艺术"迥然不同的方向突然出现，让我措手不及。我实际接触达格的绘画实物只有两次，除了这次，还有一次是大约三年后的 1997 年 1 月，在银座艺术空间举办的个展上。尽管如此，我对达格超乎常情的憧憬至今未减。对于这位没有正式画集的画家，我一直抱着复杂的情感，似乎是恋慕，又似乎是怀念。也许是我对于正统事物敬而远之，却容易被边缘的、角落里的事物吸引的脆弱感性，迫使我做出这个选择。虽然确实也有这个原因，但并不完全如此。我是为了亲自验证这一点才开始撰写本书的，这么说并非言过其实。

就像我在本书中多次提到的那样，当有人指出达格与水兵月的相似性后，我就想到了战斗美少女这个形象的特异性。从这一点出发，我构思了本书的主题，那是在 1994 年 9 月。面向一般读者的精神医学杂志《La Luna》（现已停刊）曾指名让我在创刊号上写一篇"内容不限的批评文"，我就写了一篇以"亨利·达格的菲勒斯少女"为题的短文。后来，我又在青土社杂志《IMAGO》（现已停刊）上写了一篇稍长的考论文，题为"菲勒斯少女的跨界"。这篇文章收录于前著《文脉病：拉康、柏格森、马图拉纳》（青土社，1998 年），但结论与本书完全相反，不如说更像是对媒体空间幼稚化的警告。如今读来，有些地方令我发笑，但也提醒我，时间过去很久。

这一向是我的写作风格，或者也是因为完成需要很长时间，因此我难免"边写边思考"。最初计划采取略带批判的论调来写"御宅"，但结果本书很大程度上偏向了

"拥护御宅"的方向。在写作过程中，我遇到了几名"御宅"，随着调查的深入，我意识到了自己的误解。特别是关于"御宅"式欲望的存在方式，也即幻想与日常之间的模式切换这一方面，我所获得的具体感知成为一种极具意义的体验。如果坚持批判的立场，我最终可能写不出这本书。

我最大的误解是毫无根据地确信，即使我无法自称御宅，应该也能与他们完全共鸣。虽然缺乏对动画系列的视听经验，但只要有从书籍、网络获取的信息，我就完全可以像御宅一样讨论动画。当然，这只是个错觉。在最关键的时刻，这种共鸣能力完全失效。比如，我至今仍然不能理解"萌"这种感觉。对于动画绘和声优的演技，我现在也不禁感到有些难以接受。当然，考虑到我是打算从外部视角来观察"御宅共同体"，保持距离、缺乏共鸣反而是有利的。但我资质有限，需要依赖很多朋友来弥补这个缺陷。我的年轻朋友花咲贵志，为我提供了包括他自己的性生活在内的重要证言和诸多宝贵意见。除了他之外，我还要感谢那些曾帮助过我的仁兄。

我再来记述一些不为人知的事情。这本书说起来是一次"流浪"的策划。当《IMAGO》刊登了我的考论文后不久，已故的编辑提议我写一部单行本，这是整个计划的起点。我怀着极大的热情接受了这个提议，但当时除了临床业务之外，我还在筹划另外两部单行本。同时撰写三本书，这导致我像写作新人一样进展缓慢，一拖再拖。时间拖得太久，感觉希望渺茫，那位编辑渐渐没了音讯。但事后想来，策划暂时搁置也是一种幸运。

太田出版的编辑杉浦直行，对我这个心有不甘，但只能暂时搁置一旁的想法产生了兴趣。在我撰写最初的单行本《文脉病》时，杉浦作为我的伙伴，非常关心我，是我个人最信赖的编辑。在他的鼓励下，我终于开始修改写了一半的原稿。但在编辑工作进行到中途时，杉浦却因私事辞去了编辑一职。在杉浦的关照下，这个策划交接给了太田出版的内藤裕治。这是第二次交接工作。内藤是《批评空间》的编辑，繁忙的工作之余，他帮我检查了密密麻麻的原稿。动画和漫画好像并不在他的涉猎范围之内，所以可能是强加给他了一项相当痛苦的工作。有时，他会责备我写得太快，或者纠正我的误解，对于不认可的解释，他也不吝提出反驳。没有他的参与，本书的内容可能会完全变成我个人的偏见。虽然这项工作耗费了大量时间而变得难产，但是内藤没有放弃，而是作为助产士一直陪伴到最后一刻。我要向内藤致以最诚挚的谢意。

写作战线拉得过长，实际上还带来了另外一个好处，就是我得到了与负责本书装帧的艺术家村上隆见面的机会。为了将御宅文化移植到现代美术的文脉中，他极具战略性地出版了一系列充满魅力的作品。村上提出的制作理念，即"超级扁平"（super flat），与我在本书中尝试描述为"日本式空间"的表象空间非常契合。然而，我最近才知道这个概念，所以在本书中并未加以引用。此外，村上还频繁强调"文脉"，这也是一个令人愉悦的共同点（我的前著为《文脉病》）。因此，我毫不犹豫地决定把装帧的工作完全交给村上。我早就希望将这本书打造成既有逻辑又散发少女情怀的作品。可惜的是，我的文笔无法到达充满性魅力的维度。因此，本书性感的部分完全托付给了村上。结果，正如大家所见，本书成了这样一部优秀的"作品"。此外，本书还是艺术家村上隆首次全面负责装帧，在此意义上也是一部里程碑式的作品。尽管内容不及装帧精美，但作为村上迷，我也会欣然接受。衷心感谢村上隆。*

2000 年 2 月 8 日 于市川市行德

斋藤环

---

* 此处所指为日文原版装帧，非此简体中文版。——编辑注

文库版后记

　　本书为作者带来了意料之外的反响，就这一点而言，本书确实是一本幸福之书。关于本书出版后的反响及后续发展，东浩纪在他编写的《网状言论 F 改》（青土社）中已有所阐述，我就不再重复了。但我再次感受到，本书中提出的"御宅的性"这个问题系，确实已经传承给了下一代。东浩纪为本书写了详实的解说，再次向他表示感谢。

　　想来，本书出版的时机也是恰到好处的。特别是自 2000 年以来，随着"萌的热潮"迅速兴起，御宅文化在质和量上都取得了极大的发展，个人已经很难完全描述其全貌。尤其是对于美少女游戏（Galgame）了解有限的我，根本没有信心跟上当今瞬息万变的潮流。在这个意义上，本书也是幸运的。

　　除了《网状言论 F 改》之外，对本书感兴趣的读者，还有一些参考文献务必入手，这里先简单介绍一下：

· 东浩纪《动物化的后现代：从御宅族透析消费社会》讲谈社现代新书（如果要推荐一本最近出版的正统御宅论，我就推荐这本）

· 野火延田《大人不愿懂：野火延田批评集成》日本评论社（据我所知，这本书代表了"御宅"批评的最高水平，其中收录了作者与我的对谈）

· 约翰·麦格雷戈著，小山由纪子译《亨利·达格非现实王国》作品社（这是日本第一部正式的画集，内容丰富，国外也难得一见）

· 国际交流基金《御宅：人格＝空间＝都市 第九届威尼斯国际建筑双年展——日本馆 附有展出人形的目录》幻冬舍（刊载了我的作品《御宅的个人房间》）

· 森川嘉一郎《趣都的诞生："萌"的都市秋叶原》幻冬舍（这是威尼斯国际建筑双年展日本馆最高负责人森川嘉一郎的出道作品）

· 东清彦《笑园漫画大王(1)~(4)》Mediaworks（这部漫画最早让缺乏御宅基因的我对"萌"产生兴趣，单就漫画本身而言也很出色）

· 木尾士目《现视研(1)~(7)》讲谈社（最真实地描绘现代"御宅"生态的漫画作品）

另外，担任本书编辑的内藤裕治，2002年5月19

日因癌性腹膜炎英年早逝，年仅 38 岁。我想再次感谢内藤，并将此书献于他的墓前。

2006 年 4 月

斋藤环

年表

媒体相关事项

漫画、动画、游戏及其他相关事项

风俗、文化相关事项

电影、音乐亚文化整体

社会性事件

"战斗美少女"相关作品

1959

儿童漫画改编电视动版的兴盛
电视《七色假面》《喷射少年》《梦幻侦探》
剧场工房创立

周刊《少年漫画》杂志的创刊

电影《闹心所欲》

周刊杂志创刊高峰
皇太子结婚→电视普及台数爆炸性增加
日本生产第一部立体声录像带

小说《躯体之谜》
威廉·巴勒斯
暴走族　学童护送员

古巴革命

1960

战记漫画全盛
电影《国立少年》
电视《少年侦探团》

杂志的创刊

电影《怒海沉尸》
电影《气体人第一号》

彩色电视节目
正式开始播出

TAKARA 公司
"泡泡糖"热潮

电视普及台数增加

美国各州组立
安保斗争·全学连运动
浅沼委员长刺杀案件

1961

动作题材贷本漫画的全盛
月刊儿童杂志相继停刊
虫制作公司动画部创立
《佐助》《伊贺影丸》等忍者题材
游戏

百科全书热潮

电影《摩斯拉》
电影《西区故事》

忍中事件

安眠药娱乐风气流行
福利《疯癫与文明》
安瓿卫生巾发售
电视《肥皂泡假期》
《手势》
《斯达曲》
《昂首向前走》

载人火箭首次发射成功
柏林墙
韩国政变
不结盟国家首脑会议
岩户景气
四日市哮喘

1962

随着电视信号台增多，货本屋数量减少

电影《金刚大战哥斯拉》《古登堡星系双潮解》 麦克卢汉

电影《阿拉伯的劳伦斯》 安迪·沃霍尔、库恩《科学革命的结构》

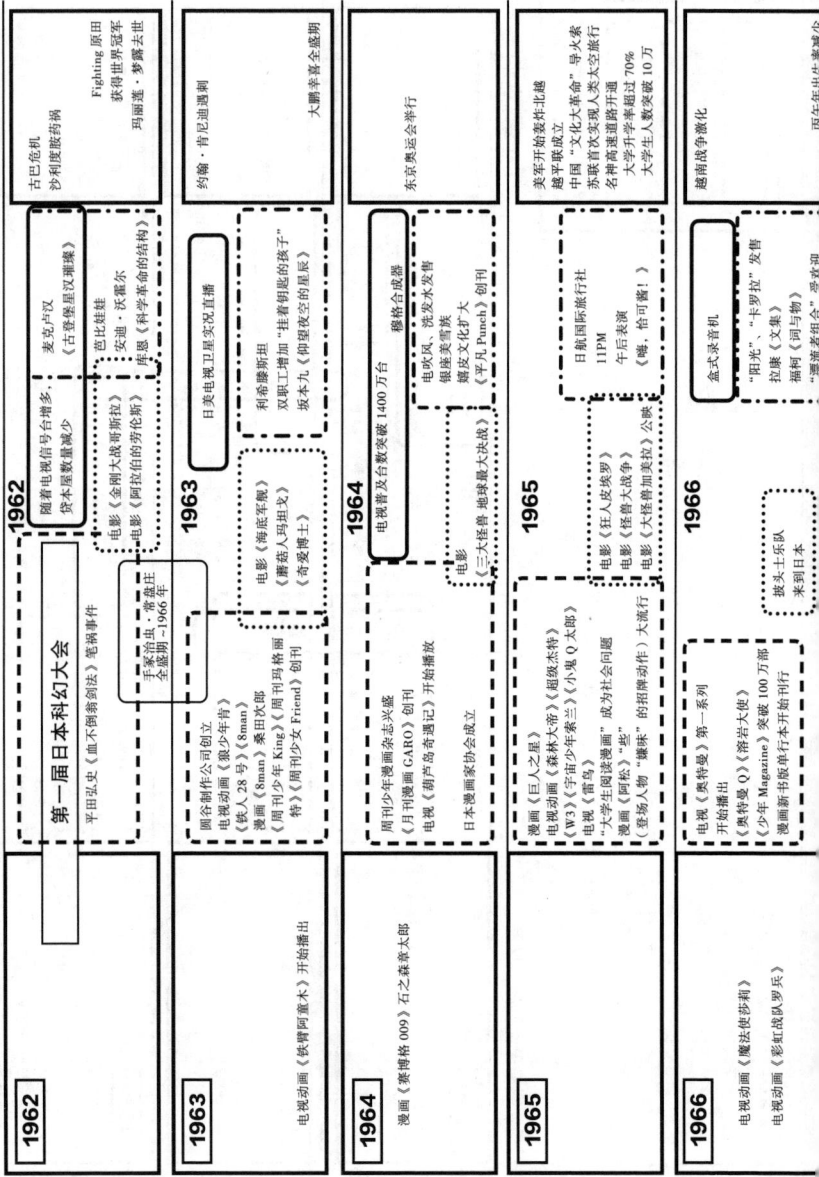

古巴危机
沙利度胺药祸
Fighting 原田获得世界冠军
玛丽莲·梦露去世

第一届日本科幻大会

平田弘史《血不倒翁剑法》
电视动画《狼少年肯》《8man》
漫画《8man》桑田次郎
《周刊少年 King》《周刊玛格丽特》《周刊少女 Friend》创刊

手冢治虫·常盘庄全盛期～1966年

1962
电视动画《铁臂阿童木》开始播出

1963

日美电视卫星实况直播

利希滕斯坦
双职工增加"挂着钥匙的孩子"
坂本九《仰望夜空的星辰》

电影《海底军舰》
《蘑菇人玛坦戈》
《奇爱博士》

约翰·肯尼迪遇刺
大鹏幸喜全盛期

圆谷制作公司创立
电视动画《铁人 28 号》《8man》
漫画《8man》桑田次郎
《周刊少年 King》《周刊玛格丽特》《周刊少女 Friend》创刊

1963
漫画《赛博格 009》石之森章太郎

1964

电视普及台数突破 1400 万台

电吹风、洗发水发明
银座美雪族
嬉皮文化扩大
《平凡 Punch》创刊

电影《三大怪兽 地球最大决战》

东京奥运会举行

周刊少年漫画杂志兴盛
电视《葫芦岛奇遇记》开始播放
日本漫画家协会成立

1964

1965

日航国际旅行社
11PM
午后表演
《嘿，伙计！》

电影《狂人皮埃罗》
电影《怪兽大战争》
电影《大怪兽 加美拉》公映

美军开始轰炸北越
越苏联盟成立
中国"文化大革命"导火索
苏联首次实现人类太空旅行
名神高速道路开通
大学升学率超过70%
大学生人数突破10万

漫画《巨人之星》
电视动画《森林大帝》《超级杰特》
《W3》《宇宙少年索兰》《小鬼 Q 太郎》
电影《雷电》
"大学生阅读漫画"成为社会问题
漫画人物"缠味""些"
登场人物"缠咪"的招牌动作大流行

1965

1966

盒式录音机

"阳光""卡如拉"发售
拉麺《文集》
福利《河与物》
"喇叭裤者用户"孕女和

越南战争激化
百万年中小学学龄少

披头士乐队
来到日本

电视《奥特曼》第一系列开始播出
《奥特 Q》《蕾兰大使》
《少年 Magazine Q》突破 100 万部
漫画新书版单行本开始刊行

1966
电视动画《魔法使莎莉》
电视动画《彩虹战队罗宾》

1967

世界大事
美苏革新政权发起
第三次中东战争
比夫拉战争
珥田斗争
欧洲共同体（EC）成立

电视普及率83.1%
深夜档节目《通宵日本》开始播出
德里达《论文字学》

电视《加美拉 vs 加奥斯》
GS·幻觉热潮

电视《赛文奥特曼》开始播出
《奥特船长》《铁甲人》《假面超人·赤影》
剧画热潮·青年剧画杂志创刊的兴盛
《COM》创刊
电视《雷电》
莉卡娃娃诞生
漫画《天才傻瓜》赤冢不二夫
漫画《螺旋式》柘植义春

1967
电视动画《狼骑兵士》
电视动画《人猿入侵门》
电影《太空英雄芭芭娜》
漫画《鲁邦三世》Monkey Punch
漫画《009一1》石之森章太郎
电视剧《009宇宙星公主》
剧场动画《冒险伽波天空》久松文雄

1968

世界大事
美莱村大屠杀
马丁·路德·金遇刺
巴黎五月革命
学园纷争及奥运会
墨西哥奥运会
北越南宣布停止·公害问题恶化 GNP位居世界第二
3亿日元劫案事件 伊奘诺景气

文化·凯·电脑开发
邮政编码制度
都内传呼机服务
电影《2001：太空漫游》公映
电影《人猿星球》
吉本隆明《共同幻想论》

漫画《鲇螺13》斋藤隆夫
漫画《七金刚》望月三起也
电视动画《巨人之星》播出
《少年JUMP》创刊
电视动画《万能杰克号》《怪布大作战》
漫画《男一匹小虫大将》本宫宏志

1968
漫画《青春火花》望月昭
漫画《排球女将》浦野千贺子 水岛
漫画《破廉耻学园》永井豪
剧场动画《太阳王子霍尔斯的大冒险》

1969

世界大事
东大安田讲堂事件
阿波罗11号登陆月球

流行语"猛烈"、"破廉耻"

电影《追猎狂士》
50万人参加伍德斯托克音乐节
反战民谣全盛
爱知县《朝日Journal》·埃里克森《同一性》
右手《明日Magazine》，左手《少年Magazine》

漫画《明日之丈》受欢迎
《少年Champion》创刊
荒唐漫画、地下画流行
《河马婚姻》
电视《柔道一直线》《六号特殊犯人》

1969
电视动画《排球女将》
电视动画《甜蜜小天使》
剧场动画《飞天幽灵船》

1970

世界大事
大阪世博会举办
"密号"劫机事件实行犯发表声明：
"我们是明日之丈。"
三岛由纪夫切腹自杀

广告语"从富烈到美丽"
T恤与牛仔裤流行
炸鸡登陆

寺山修司等《万花镜特集会》
电影《草莓白皮书》日吉浪漫情色片

4月 电视动画《明日之文》
漫画《阿修罗》乔治秋山·有害图书指定
漫画《赤色独歌》银色画时
冈部英一去世

1970

1971

世界大事
越南反战运动恶化
尼克松冲击
日元开始升值 1美元=308日元

日清杯面发售
麦当劳
美仕多登陆
微笑徽章流行 美式橄榄球
土居健郎《依恋的结构》

长谷川町子因角色被人擅自使用而上诉
《安安》创刊
《安·安》

电视剧《假面骑士》第一部开始播出
电视动画《杰克奥特曼》
电视动画《鲁邦三世》第一部
少年杂志整体休复兴 与青年杂志分道扬镳
电影《发条橙》

1971
电视动画《神奇猫》
电视动画《神奇小丫头》
电视剧《鲁邦三世》
电视剧《喜欢！喜欢！！魔女老师》

1972

电视动画《科学忍者队》播出
《销伏王》

漫画《魔太郎来了!!!》麻子不二雄A
假面骑士小零食
德姆拉丝《反版冰淇淋》
热辣大爆流行《纸想的人》《海鸥乔纳森》

《Bia》创刊
电影《教父》
放盘 《飞向太空》
《ROCKIN'ON》创刊
供应液体 《心灵》养生养导论文

联合赤军浅间山庄事件
恢复中日邦交·大熊猫落户日本
田中角荣《日本列岛改造论》
原日本军人横井庄一被发现在关岛
先驱者10号飞向木星·土星
冲绳回归
反《禁止堕胎法案》反复要求
取消避孕药禁令的妇女解放联盟
新型家庭

1972

电视动画《甜心战士》
电视动画《铃儿响叮当》
电视动画《魔神Z》

1973

电视剧《流星人类ZONE》
《风云狮子丸》
漫画《佳医黑杰克》手冢治虫
世界·永井豪·虫制作公司倒闭
电视动画《咚咚大梦》开始播出
《再造人卡辛》

天空实验室1号
CT扫描仪
《Wonderland（宝岛）》创刊
电影《龙争虎斗》《午夜守门人》
《驱魔人》《美国风情画》

《现代思想》创刊
涉谷 PARCO

美军从越南撤退
石油危机
抢购厕纸·纸巾供应不足
金大中事件
第四次中东战争爆发
巨人队实现九连霸（V9）

1973

电视动画《六光假面》古贺新一
漫画《黑暗法师》古贺新一
电视剧《神奇女侠》
凡尔赛玫瑰热潮

1974

电视剧《电人查勃卡》池上辽一
漫画《男组》山上达彦
漫画《漂流教室》楳图一雄
超自然画热潮
剧场动画《魔神Z对暗黑大将军》

新闻中心9点
尤里·盖勒旋风日
小学生·超能力热潮
五岛勉《1999年人类大劫难》

故事王

尼克松卸任
田中角荣辞职
长岛茂雄引退
北之湖成为史上最年轻的横纲

1974

电视动画《阿尔卑斯山的少女》
漫画《穴光假面》永井豪
电视动画《宇宙战舰大和号》

1975

电视动画《勇者雷登》
"超合金"套装
《少年Champion》《少年Jump》跃进
漫画《来吧棒球》光太郎

54家银行通用现款机完成
微软创立
周刊就业信息杂志·卡西欧计算器
电影《大白鲨》《红茶屋》
蒙提！派森
电影《游四！鲻鱼钓者君》

柬埔寨解放
西贡沦陷
大学·大学生试验竞争激烈
经济萧条恶化·失业者突破100万人

1975

电视动画《时间飞船》
漫画《黑暗法师》古贺新一
电视剧《秘密战队五连者》
第一届同人志展销会举办

《OUT》创刊

1976

电视游戏《打砖块》流行

阿波罗2号日本制造第一台电子微型计算器"TK-80"
家用录像机发售
性手枪
老鹰乐队《加州旅馆》
电影《洛奇》
蒙塔公平《热海杀人事件》

《亡国志》
"外便当"东芝手机饼店
黑磨乐会热潮

《E它》创刊
之库热潮

洛克希德事件败露
波尔布特掌权
越南统一宣言
蒙特利尔奥运会
毛泽东去世·逮捕四人帮
火星探测器软着陆

1976

漫画《飞女刑事》和田慎二
电视动画《小甜甜》

1977

剧场动画《宇宙战舰大和号》
电视动画《棒球狂之诗》
《玛卡罗尼毕波连志诗》江口寿史
"日本动画"粉丝俱乐部在美国成立
电视动画《无敌超人札博特3》

《COROCORO 漫画》创刊
漫画《野心国度》
漫画《前进吧！海盗队》鸭川寿史

电脑形场达到1万亿日元
微型计算机开始发售热潮 — ASCII 社成立
电影《星球大战》
电影《第三类接触》
电影《魔女嘉莉》《洛布》
《POPEYE》创刊
超级杯热潮

卡特就任总统
日本航空 472 号班机事件
萨达特访问以色列
经济景条恶化
王贞治以 756 次本垒打刷新世界纪录

女子职业摔跤热潮

1978

电视动画《未来少年柯南》
剧场动画《再见了，宇宙战舰大和号》
漫画《福星小子》高桥留美子

漫画《绢之国星》大岛弓子
漫画《1・2・三四郎》小林诚
漫画《飞翔的一对》柳泽公夫
漫画《小株须子三惠》春木悦已
色情剧场受欢迎・揭发出版社
动画《UFO 魔神古战群》在全国大热

日语文字处理器
八重洲书籍中心
口袋妖怪 Candies 组合解散
电影《猎鹿人》
电影《擦皮鞋》
南方之星
Pink Lady 大受欢迎
《电视冠军》
《盒子眼中的世界》
稍许有点《Animage》创刊，其可能性的中心

中东和平会议
大平内阁
美国确认艾滋病患者
试管婴儿诞生
"人民寺院"集体自杀

1979

电视动画《凡尔赛玫瑰》
电视动画《网球甜心》
剧场动画《鲁邦三世：卡里奥斯特罗之城》
剧场动画《哆啦A梦》
电视动画《机动战士高达》
电影《异形》2 公映
剧场动画《银河铁道999》

电影《太空侵略者》游戏大流行
《Young Jump》创刊
电影《现代启示录》《活死人黎明》《疯狂麦克斯》
北村想《梦之游眠社》
漫画《寿歌》

光纤实用化
电脑"PC-8001"发布
蓝变重彦《表层批评宣言》《广告批评》《techno cut》创刊
黄色蔬菜交响乐团（YMO）/ 科技叹（techno cut）
竹之子族，随身听问世
流行话语"哪"、"土气"，山口百惠全盛

波尔布特倒台 第二次石油危机
伊朗革命
撒切尔就任首相
先进国首脑会议在东京举行 三宅里岛核电站事故
全斗焕通过政变掌握政权
苏联入侵阿富汗
大学共通第一次学力考试首次实施

1980

漫画《阿拉蕾》鸟山明
漫画《鲁邦》大友克洋
漫画《相聚一刻》高桥留美子
电视动画《传说巨神伊迪安》

少年杂志・青年志恋爱漫画热潮
寒假轮空漫画热潮开始
《Big Comic Spirits》创刊
《Young Magazine》创刊

任天堂"Game&Watch"《光反人》发布
CNN 开播播出
富士通推销概超越日本 IBM
光盘开发

约翰·列侬去世
《动向》网络进攻
《拳击大战2：帝国反击战》
剧场《前夜相扑》热潮
"魔飞"流行
马拉加纳与无庆有的"自杀系"统一理论
"田原型"热潮
"涟子"（日本相声）热潮

索马里难民 130 万人
光州市示威
莫斯科奥运会
里根当选总统
两伊战争爆发
半导体出口，汽车生产居世界第一
"金属棒杀人事件"
"那辆的方斗"事件

1981

电视动画《福星小子》~1986年
漫画《猫眼三姐妹》北条司
第20届日本科幻大会《DAICON3 开幕动画》
电视动画《小株须子惠》

RPG《巫术》受欢迎
漫画《棒球英豪》安达充
四格漫画热潮
《Comic BonBon》创刊

传真开始
《Focus》创刊 科学杂志创刊高峰
"暴走族"热潮
MTV 全球音乐电视台获批
蛇人秀
电影《总火战车》
DC品牌热
小说《再见，流浪们》高桥源一郎
小说《总是很失水晶》田中康夫

里根经济政策
密特朗就任法国总统
港口乐园 81
萨达特遇刺
巴黎杀人事件
航天飞船 1 号发射

1982

漫画《风之谷》宫崎骏
漫画《阿基拉》大友克洋
漫画《平行少女》（绝对全剃刀）高野文子
电视动画《甜甜仙子》
电视动画《天界小神仙》

恋爱漫画全盛期
钢普拉热潮
通用产品（General Products）创立

CD 播放器发售
电影《电子世界争霸战》
"绝对少女文库"命名
电影《镜杀手》

中井大夫《精神分裂症与人类》
东京迪士尼乐园开园
日比野克彦
《笑一笑又何妨》
《徹夜富士》开始播出
电视《战士》等广告文宣创作家全盛

日航羽田事件"逆喷射"
新宿金店大火灾
福克兰（马岛）群岛战争
中曾根内阁
发现艾滋病毒

1983

电视动画《猫眼三姐妹》
电视动画《魔法天使》
漫画《停止！！云雀！》
剧场动画《幻魔大战》
《DAICON5 开幕动画》

GAINAX 创立
中森明夫 "御宅" 命名
据原一骑因故意伤害事件被捕
漫画《北斗神拳》原哲夫
漫画《炎之转校生》岛本和彦

长时公用电话
电视剧《阿信》播出
麦当劳成为 1 万亿日元企业
嘟啾制造

磁带式公用电话
任天堂红白机发售
黑客猖獗
电影《穿越时空的少女》
电影《星球大战3：绝地归来》
迈克尔·杰克逊

战略防卫构想
阿塞诺週刊
入侵格林纳达

1984

剧场动画《风之谷》
剧场动画《超时空要塞·可曾记得爱》
剧场动画《福星小子2：绮丽梦中人》
电视动画《无限地带23》
真人电视剧《宇宙刑事夏延达》
OVA《乳酸柠檬》

少女杂志成为问题
新学院派
流行语"新人类" 和 "怀旧"
"银屏潮综合症"
电视动画《北斗神拳》乌山明
"节肉人橡皮擦"流行
第一部 OVA《DALLOS》

雨衣发售
麦当娜
电影《小精灵》
电影《哥斯拉》

牛肉、橘子进口自由化
格力高·森永事件
反马克思示威游行
智利戒严产

1985

OVA《花之子与组》
OVA《梦猎人横恋》
OVA《无限地带23》
电视动画《银河之鹫》
电视动画《飞翔吧桃太郎》
电影《Y·马头战院大战争》

游戏《超级马力欧兄弟》
漫画《文化人类嗷》相原弘治
漫画《轻井泽综合症》田上喜久
漫画《美少年》新井田良介
《ANIPARO COMIC》创刊
电视动画《棒球英豪》 动画杂志相续停刊
小学国语漫画书出现手冢治虫、佐藤三平
动画杂志《Newtype》创刊

日本电信电话公司（NTT）创立改制
"IBM 笔记本电脑发布"
"坂本龙一·巧克力（乐）"播出
英国《双面麦斯》
电影《回到未来》

仙魔大战·巧克力（乐）播出
《新闻》

戈尔巴乔夫就任总书记
筑波世博会
男女雇用机会均等法颁布
同题的发表依校园欺凌对策

1986

OVA《A子计划》
OVA《银河女战士》
漫画《逮捕令》藤岛康介
剧场动画《天空之城》
剧场动画《相聚一刻》

游戏《勇者斗恶龙》
漫画《周刊少年 JUMP》突破 400 万部
漫画《热血江湖之路》纺木城
漫画《樱桃小丸子》樱桃子
漫画《圣斗士星矢》
漫画《美味大挑战》等美食漫画热潮
电视动画《女主播》
依林漫画、女主漫画

文字处理软件 "一太郎" 套装
电影《异形2》
电影《妙想天开》
电影《野猫》《蓝丝绒》

新风俗营业法

冈田有希子自杀
齐瓦戈、紧身衣流行
《MEN'S NON-NO》发售
《男女7人夏物语》放映
小学生·流言在网上自然发酵

航天飞机爆炸
切尔诺贝利核电站事故
土井多贺子出任社会党委员长
中野区发生中学欺凌死亡事件
萨哈罗夫博士返回莫斯科

戴克娜王纪热潮
脑死亡成大争论话题
森森成为史上最年轻围棋段棋王

1987

漫画《三只眼》高田裕三
漫画《乱马½》高桥留美子
电视动画《橙色魔神》救国一至
OVA《泡泡糖危机》
OV《地球防卫少女》
剧场动画《王立宇宙军：欧尼亚米斯之翼》

游戏《最终幻想》
漫画《日本经济入门》
漫画《JOJO的奇妙冒险》荒木飞吕彦
电影《机械战警》《末代皇帝》《前进，神军！》
电影《柏林苍穹下》

任天堂红白机累被突破1000万台
红白机股价交易　电子手账
民营电信各24小时播出体明
数字音带（DAT）
可以用数字表示的传真机发售
实现用电话音系统开始《IZ唱片》制成CD版

黑色星期一·日美股价暴跌
金贤姬等大大韩航空班机爆炸件

丁克海昭兵
女高中生"早晨先生"相亲红帽团开始播出
（~1994年）
《娜美的森林》
《危险的故事》

从国铁到JR

1988

剧场动画《阿基拉》
OVA《飞跃巅峰》
漫画《魔法少年帕》麻宫骑亚
OVA《吸血鬼美少女》
电视动画《魔神坛斗士》

《勇者斗恶龙3》发售·成为社会现象
《周刊少年JUMP》突破500万部
藤子不二雄仙去
剧场动画《龙猫》
剧场动画《萤火虫之墓》

任天堂Game Boy发售
录像机普及率50%
电影《虎胆龙威》
电影《帝都物语》

电脑病毒流行
昭和天皇病重进入静养模式
中学生不敢登校
《不死之身》伊藤正率
《时间历史》

1989

剧场动画《机动警察》
电视动画《乱马½》
剧场动画《魔女宅急便》

打击盗版·偶尔静电气
手冢治虫去世"漫画万岁"流行
漫画《浮生若书》岩明均
漫画《数码宝贝漫的情意教室》
相原弘治·竹熊健太郎
漫画《传说》古田故事
完结漫画《超人》"盯包超人"热播

苹果麦金塔SE/30dynabook
FM Towns
三宅岛司的酱炒队天国变欢迎·乐队热潮
电影《编织侠》《冰暴的男人》《梦幻成真》

《朝日新闻》《朝日摄伤伪造事件》
珊瑚损伤伪造事件
一次性相机"快约"大热
录像带出租店潮
美空云雀去世
《一碗清汤荞麦面》

昭和天皇驾崩·从昭和到平成
东欧民主运动
柏林墙倒塌　冷战终结
布什就任总统
消费税3%实施　泡沫经济巅峰期
女高中生水泥埋尸杀人案

1990

电视动画《蓝宝石之谜》
《福星小子》全集精装影碟盒发售
漫画《娇娃夏生的危机》鹈田洋人
漫画《婆婆罗》田村由美
电影《女儿少女》桂正和
电视剧《樱桃小丸子》放映
电影《尼基塔》

《勇者斗恶龙5》发售30万盘即日售罄
任天堂《超任"Super Famicom》发售
第一年度400万台
WOWOW（日本卫星放送）开始播出
有害漫画骚动
电影《深渊》《全面回忆》
电影《我心狂野》《与狼共舞》

卡拉OK点歌机全国增加

Dial Q2开通
汽车导航系统出现
"自我启发讲堂"流行
消除黑人歧视大会
揭发黑《小黑人桑波》
大肯山遭难者通过
白糖搭楼SOS求救信号
日本偶像剧受欢迎
《富裕的精神病院》
《文学部唯野教授》

乌拉圭回合/美国的自由化问题
戈尔乔夫当选苏联总统
神户高中校门挤死惨事件
长崎市长因发表天皇战争责任言论遭枪击
东西德统一
伊拉克侵略科威特
秘鲁藤森政权上台
坂本律师一家失踪

1991

电视动画《魔法阵都市》
OV《伊利亚》杰尼妙
漫画《铳梦》木城雪户
漫画《猫眼女枪手》冈田健一
OVA《魔物猎人妖子》
电影《末路狂花》
电视动画《魔力女战士》
游戏《街头霸王》

露毛解禁？ 迷你光盘发售
Data Discman《电子书阅读器》

游戏《最终幻想3》发售
漫画家山下达彦引退→成为小说家
《月刊少年GANGAN》由ENIX创刊
宗教漫画热潮
电视动画《幻油小魔星》
青少年条例改正·漫画《酷炫的御宅天国》
漫画《少年JUMP》突破500万部
OVA《街之霸王》

电影《终结者2》《无能的人》
电影《剃刀手爱德华》《落水狗》

电视《CutiQ》成为话题
电视《东京爱情故事》放映
宜保爱子热潮
"幸福科学"兴盛
《批评空间》创刊
朱面安娜水浒开店
环保热潮
Dial Q2 成人番组成为问题
《双峰镇》

卡拉OK 点歌机 全国增加

海湾战争爆发
种族隔离终结 叶利钦就任总统
苏联解体 伊藤万事件
证券丑闻导致泡沫经济崩溃
云仙普贤岳大火碎屑流
东京新都厅完成
菲律宾皮纳图博火山喷发
柬埔寨纷争终结
海部首相辞职 宫泽内阁
千代富士引退

1992

电视动画《美少女战士》
OVA《天地无用！魍魉鬼》
OVA《万能文化猫娘》
游戏《银河公主传说优奈》
OVA《楚神传说虚月童子》

游戏《VR战士》发售
漫画《微粮主义宣言》小林善范
蜡笔小新热潮
"哥卫漫画表现自由会"创立
长谷川町子去世
剧场动画《红猪》
佛莱迪·墨克瑞因艾滋病去世
YMO再结成

电脑通信用户155万人
NTT DoCoMo设立
电视《UGO UGO LHUGA》播出

电视《一直喜欢你》
黑白东彦成为话题
宫泽理惠写真集《Santa Fe》
尾崎丰死亡 告别(又式4万人到场)
《013野家之谜》成为畅销书
此后"谜书"成为热潮

挥杀

马斯特里赫特条约
留学美国的服部刚丈被枪杀
洛杉矶暴动
巴塞罗那奥运会
东京佐川急便事件
中韩建交
安林顿当选总统
樱花银行、朝日银行

1993

电视动画《机动警察 2》
电影《言出必行三姐妹》
电影《铁甲无敌玛利亚》
电视动画《GS 美神》
剧场动画《美少女战士 R》
对战格斗游戏《侍魂》

NHK 纪录片选展
Windows3.1
网络民间化

红白机题材漫画盛行
《去吧，猎中桌虫社》古谷实
第一次漫画文库热潮
电视动画《灌篮高手》

恐龙热潮
电影《侏罗纪公园》公映
《辛德勒名单》

电视《高中牧师》播出
《铁人料理》
朱莉安娜·炫酷辣妹
颓废风（grungy look）复活
露阴模照热潮
夜总会大规模辅导女高中生（神奈川）
内衣制服店成为问题
"小辣妹" 诞生

简井康隆《封笔宣言》
《癫杯遗著》
《苏菲的世界》
《沉默的女孩》

皇太子成婚
建筑工程承包商贪污
自民党 "一党支配" 体制崩溃
细川政权上台
以色列，巴勒斯坦临时自治宣言

日本职业足球甲级联赛元年

1994

电视动画《魔法骑士》
漫画《少女杀手阿飞》小山雄
OVA《谜捕令》
电影《这个杀手不太冷》
电影《坏女孩》
电视动画《小红帽恰恰》

网络正式登陆日本
世嘉公司"世家土星"发售
索尼 "Play Station" 发售

迪士尼动画《狮子王》在美国受欢迎
《超凡战队》在美引发热潮
游戏《月刊少年 Ace》创刊
游戏《最终幻想 5》发售

昆汀·塔伦蒂诺获戛纳金棕榈奖
电影《生死时速》《阿甘正传》

电视《无家的孩子》播出
电视《诊籍恶魔的低语》播出
电视《不再为人·假如我死了的话》播出

超能力工薪族 商家光引退
大规模校园烈酒酒资自保孩子
北野武摩托车事故
爱犬家连环杀人案件
鹤见济《完全自杀手册》

松本沙林事件
日元大幅升值：1 美元突破 100 日元
塞尔维亚冲突
曼德拉就任总统
大米不足骚动
村山内阁
金日成去世
利勒哈默尔冬奥会
进入冰河时代
全国 7 人因瘦凌自杀

塞纳意外丧生
羽生善治六连冠

大江健三郎获诺贝尔文学奖

1995

剧场动画《攻壳机动队》
剧场动画《超时空要塞 Plus》
剧场动画《回忆三部曲》
电视动画《新世纪福音战士》开始播出
电视动画《秀逗魔导士》
电视动画《守护天使桃莉佳》
电视动画《飞吧！伊夫美》电视动画《不可思议的游戏》
游戏《VR 战士 2》
电影《致命的快感》《坦克女郎》
OV《COSPLAY 战士：可爱之夜》
漫画《圣女贞德》安彦良和
漫画《死》威廉・塔夫
电视剧《战士公主西娜》
剧场动画《侧耳倾听》

HP200LX 小灵通（PHS）发售
Windows95 发售

游戏软件《心跳回忆》发售 声优热潮
美少女游戏校受欢迎
高野文子《棒棒》
《少年 Jump》部数开始减少
别册宝岛《漫画的阅读方法》

小室哲哉创作的作品爆红
披头士乐队新曲
电影《学校的阶梯》《鬼娃娃花子》公映
电影《变相怪杰》《哥斯拉之世纪必杀阵》
电影《加美拉：大怪兽空中大决战》《阿波罗 13 号》

《未成年》播出
援交
《寄生前夜》

阪神大地震
地铁沙林事件
车臣战争
青岛幸男・横山诺克 诞生
"艺人知事"
药害文滋事件
埃博拉病毒在刚果流行
拉宾遇刺
野茂英雄在大联盟比赛中大显身手
美国士兵在冲绳强暴少女事件
中国、法国核试验
辛普森杀妻案判决

1996

电视动画《圣天空战记》
电视动画《机动战舰》
电视动画《魔法少女砂沙美》
OVA《机械女神 1》
OVA《大运动会》
OVA《铁腕巴迪》
OVA《魔法使俱乐部》
游戏《樱花大战》

"完美电视"开播，推进多频道化
万代"拓麻歌子"热潮
虚拟偶像"伊达杏子"
冈田斗司夫《御宅学入门》
漫画《Eureka》福本伸行
《Eureka》日本动画特刊

网络普及

世嘉"大吉贴"大热
"狼岩石"热潮
《悠长假期》播出
自治体出台电话俱乐部管制条例
女高中生援助交际流行
安室现象 预告自己的电话
《患者，不要和癌症对抗》
《脑内革命》
宫泽资资治热潮
渥美清去世

电影《独立日》公映
电影《加美拉 2》《燕尾蝶》《来跳舞吧》

佳世问题
疯牛病在英国传播
大肠杆菌 O157 事件

日本驻秘鲁大使馆人质事件

中小学生不登校突破 8 万人

1997

剧场动画《新世纪福音战士 死与新生》
《新世纪福音战士 Air/真心为你》
剧场动画《幽灵公主》
电视动画《甜心战士 F》
电视动画《少女革命》
电视动画《猫·狐·警探》
OVA《海底娇娃蓝华》
游戏《古墓丽影》
漫画《歌舞伎》大卫·马克
漫画《魔女之刃》马克·希尔维斯利
电视剧《吸血鬼猎人巴菲》

（电影、音乐）宝可梦惊悸事件

《Studio Voice》EVA 特刊
《别册宝岛》这部动画好厉害!
藤子·F·不二雄去世　BS漫画夜话

失落的世界
失乐园　视觉系乐队受欢迎
北野武《花火》获威尼斯金狮奖
今村昌平《鳗鱼》获戛纳金棕榈奖
村上春树《地下》

宝可梦受欢迎
电视《恋爱世纪》
跟踪狂

网络普及

神户儿童连环杀人事件
戴安娜王妃因交通事故死亡
建筑工程承包商相继倒闭
香港回归
山一证券自主停业
消费税 5%

宫崎勤被判处死刑

1998

漫画《战神》乔·马杜雷拉
漫画《危险女孩》安迪·哈特内尔等
电视动画《玲音》
电视动画《魔卡少女樱》
电视动画《守护月天》
电视动画《失落的宇宙》

Dreamcast iMac 发售
小林善范《战争论》
石之森章太郎去世
《月刊漫画（GARO）》第一次停刊

黑泽明去世　hide自杀
淀川长治去世
电影《泰坦尼克号》《拯救大兵瑞恩》

电视《总务二科》

克林顿丑闻
北朝鲜发射导弹
和歌山毒咖喱事件
黑矶少年持刀刺杀事件
印度、巴基斯坦核试验

儿童色情禁止法
长野冬奥会

作品译名对照表

《009-1》（009 の 1）
《1999 年人类大劫难》（ノストラダムスの大予言）
《1·2 三四郎》（1·2 の三四郎）
《2001：太空漫画》（2001 年宇宙の旅）
《8man》（8 マン）

A

《AM—PLUS》（*AM—PLUS*）
《ANIPARO COMIC》（アニパロコミック）
《AXEL》（AXEL）
《Animage》（アニメージュ）
《A 子计划》（プロジェクト A 子）
《阿波罗 13 号》（*Apollo 13*）
《阿尔卑斯山的少女》（アルプスの少女ハイジ）
《阿甘正传》（*Forrest Gump*）
《阿基拉》（AKIRA）
《阿拉伯的劳伦斯》（*Lawrence of Arabia*）
《阿拉蕾》（Dr. スランプ）

《阿斯特罗棒球队》(アストロ球団)

《阿松》(おそ松くん)

《阿信》(おしん)

《阿修罗》(アシュラ)

《爱天使传说》(愛天使伝説ウェディングピーチ)

《安安》(anan)

《暗杀者》(アサシン)

《昂首向前走》(上を向いて歩こう)

《傲慢主义宣言》(ゴーマニズム宣言)

《奥特船长》(キャプテンウルトラ)

《奥特曼 Q》(ウルトラ Q)

《奥特曼》(ウルトラマン)

B

《BASTARD！！暗黑破坏神》(*BASTARD!!*)

《Bia》(ぴあ)

《Big Comic Spirits》(ビッグコミックスピリッツ)

《八点！全员集合》(八時だョ！全員集合)

《白蛇传》(白蛇伝)

《柏林苍穹下》(*Der Himmel über Berlin*)

《棒球狂之诗》(野球狂の詩)

《棒球英豪》(タッチ)

《宝岛》(宝島)

《宝可梦》(ポケモン)

《宝可梦：超梦的逆袭》(ポケットモンスター ミュウツーの逆襲)

《爆走猎人》(爆れつハンター)

《北斗神拳》(北斗の拳)

《被遗弃的人们》(残された人々)

《笨蛋棒球社》(1・2のアッホ!!)

《笨金鱼》(バタアシ金魚)

《蝙蝠侠》(*Batman*)

《变相怪杰》(*The Mask*)

《表层批评宣言》(表層批評宣言)

《别册宝岛》(別冊宝島)

　　　　　　　　　　　战斗美少女的精神分析

《博士的奇妙青春期》（博士の奇妙な思春期）

《不可思议的游戏》（ふしぎ遊戯）

《不死之王》（ノーライフキング）

《不再为人·假如我死了的话》（人間·失格）

C

《COM》（*COM*）

《COROCORO 漫画》（コロコロコミック）

《COSPLAY 战士：可爱之夜》（コスプレ戦士 キューティナイト）

《Comic BonBon》（コミックボンボン）

《CultQ》（カルト Q）

《彩虹战队罗兵》（レインボー戦隊ロビン）

《草莓白皮书》（いちご白書）

《侧耳倾听》（耳をすませば）

《超次元传说拉尔》（超次元伝説ラル）

《超凡战队》（パワーレンジャー）

《超级杰特》（スーパージェッター）

《超级马力欧兄弟》（スーパーマリオブラザーズ）

《超能力魔美》（エスパー魔美）

《超人》（スーパーマン）

《超神传说虚月童子》（超神伝説うろつき童子）

《超时空骑团南十字星》（超時空騎団サザンクロス）

《超时空要塞 Plus》（マクロスプラス）

《超时空要塞》（超時空要塞マクロス）

《超时空要塞·可曾记得爱》（超時空要塞マクロス 愛·おぼえていますか）

《朝日 Journal》（朝日ジャーナル）

《彻夜富士》（オールナイトフジ）

《沉默的舰队》（沈黙の艦隊）

《沉默的女孩》（ファザーファッカー）

《吃豆人》（パックマン）

《赤色挽歌》（赤色エレジー）

《铳梦》（銃夢　GUNNM）

《厨房》（キッチン）

《穿越时空的少女》（時をかける少女）

《传染》（伝染るんです。）

《传说巨神伊迪安》（伝説巨神イデオン）

《词与物》（*The Order of Things*）

《从宫本到你》（宮本から君へ）

D

《DALLOS》（*DALLOS*）

《DAICON3 开幕动画》（DAICON Ⅲ オープニング・フィルム）

《DAICON4》（DAICON Ⅳ）

《DAICON5 开幕动画》（DAICONI Ⅴ オープニング・フィルム）

《DNA²》（*DNA²*）

《打砖块》（ブロックくずし）

《大白鲨》（*Jaws*）

《大怪兽加美拉》（大怪獣ガメラ）

《大家来跳舞》（おどるポンポコリン）

《大人不愿懂：野火延田批评集成》（大人は判ってくれない：野火
ノビタ批評集成）

《大运动会》（バトルアスリーテス大運動会）

《逮捕令》（逮捕しちゃうぞ）

《地球防卫少女》（地球防衛少女イコちゃん）

《地下》（アンダーグラウンド）

《第三类接触》（*Close Encounters of the Third Kind*）

《第五元素》（フィフス・エレメント）

《帝都物语》（帝都物語）

《电 GO！》（電 Go!）

《电车 GO！》（電車 GO！）

《电人查勃卡》（電人ザボーガー）

《电线音头》（電線音頭）

《电影》（シネマ）

《电影少女》（電影少女）

《电子世界争霸战》（*TRON*）

《东京爱情故事》（東京ラブストーリー）

《东京女高中生制服图鉴》（東京女子高制服図鑑）

《动物化的后现代：从御宅族透析消费社会》（動物化するポストモダ

ン：オタクから見た日本社会）

《斗魔王杰克》（バイオレンスジャック）

《赌博默示录》（賭博黙示録カイジ）

《独立日》（*Independence Day*）

《缎带骑士》（リボンの騎士）

《哆啦A梦》（ドラえもん）

E

《E.T. 外星人》（*E.T. the Extra-Terrestrial*）

《Eureka》（ユリイカ）

《恶魔人》（デビルマン）

F

《Focus》（フォーカス）

《爱丽丝梦游仙境》（*Alice's Adventures in Wonderland*）

《发条橙》（*A Clockwork Orange*）

《凡尔赛玫瑰》（ベルサイユのばら）

《反俄狄浦斯》（*Capitalisme et schizophrénie. L'anti-Œdipe*）

《仿生人会梦见电子羊吗？》（*Do Androids Dream of Electric Sheep?*）

《非现实王国……》（非現実の王国……）

《非现实王国，或在所谓非现实王国中的薇薇安少女的故事，或格兰
　　丁利尼亚大战争，或格兰迪科与安吉尼亚之间起因于儿童奴隶
　　叛乱的战争》（*The Story of the Vivian Girls, in What is Known as
　　the Realms of the Unreal, of the Glandeco-Angelinian War Storm
　　Caused by the Child Slave Rebellion*）

《飞吧！伊莎美》（飛べ！イサミ）

《飞女刑事》（スケバン刑事）

《飞天少女猪》（とんでぶーりん）

《飞天幽灵船》（空飛ぶゆうれい船）

《飞翔的一对》（翔んだカップル）

《飞向太空》（*Солярис*）

《飞跃巅峰》（トップをねらえ！）

《肥皂泡假期》（シャボン玉ホリデー）

《封笔宣言》（断筆宣言）

作品译名对照表　　　　　　　　　　　　　　　　　　　297

《风云狮子丸》（風雲ライオン丸）

《风之谷》（風の谷のナウシカ）

《疯狂麦克斯》（*Mad Max*）

《疯人艺术的发现》（*The Discovery of the Art of the Insane*）

《疯癫与文明》（*Madness and Civilization*）

《夫人是魔女》（夫人は魔女）

《俘虏》（戦場のメリークリスマス）

《浮浪云》（浮浪雲）

《福星小子 2：绮丽梦中人》（うる星やつら 2 ビューティフルドリーマー）

《福星小子》（うる星やつら）

《富裕的精神病理》（豊かさの精神病理）

G

《GS 美神》（GS 美神）

《盖普眼中的世界》（*The World According to Garp*）

《钢铁王》（アイアンキング）

《高中教师》（高校教師）

《搞怪拍档》（ダーティペア）

《哥斯拉》（ゴジラ）

《哥斯拉之世纪必杀阵》（ゴジラ vs デストロイア）

《歌舞伎》（カブキ）

《攻壳机动队》（攻殻機動隊 / GHOST IN THE SHELL 攻殻機動隊）

《公告牌》（ビルボード）

《公元前一百万年》（恐竜一〇〇万年）

《共同幻想论》（共同幻想論）

《古登堡星汉璀璨》（*The Gutenberg Galaxy*）

《古墓丽影》（トゥームレイダー）

《怪奇大作战》（怪奇大作戦）

《怪兽大战争》（怪獣大戦争）

《怪医黑杰克》（ブラック・ジャック）

《关于惩治与儿童卖淫、儿童色情有关行为及保护儿童的法律纲要（草案）》（児童買春、児童ポルノに係る行為等の処罰及び児童の保護等に関する法律案要綱（案））

战斗美少女的精神分析

《灌篮高手》（SLAM DUNK）

《广辞苑》（広辞苑）

《广告批评》（広告批評）

《鬼娃娃花子》（トイレの花子さん）

《国立少年》（ナショナルキッド）

H

《嗨，恰可酱！》（チャコちゃんハーイ！）

《海底娇娃蓝华》（Aika）

《海底军舰》（海底軍艦）

《海底小游侠》（海底少年マリン）

《海螺小姐》（サザエさん）

《海鸥乔纳森》（Jonathan Livingston Seagull）

《好朋友》（なかよし）

《浩劫后》（The Day After）

《河马姆明》（ムーミン）

《黑暗法师》（エコエコアザラク）

《亨利·达格 非现实王国》（ヘンリー・ダーガー 非現実の王国で）

《一点红论》（紅一点論）

《红猪》（紅の猪）

《猴子也会画的漫画教室》（サルでも描けるまんが教室）

《葫芦岛奇遇记》（ひょっこりひょうたん島）

《虎胆龙威》（Die Hard）

《虎面人》（タイガーマスク）

《花火》（HANA-BI）

《花木兰》（ムーラン）

《花之飞鸟组》（花のあすか組！）

《坏女孩》（バッド・ガールズ）

《患者，不要和癌症对抗》（患者よ、がんと闘うな）

《幻法小魔星》（まじかる☆タルるート くん）

《幻梦战记莉达》（幻夢戦記レダ）

《幻魔大战》（幻魔大戦）

《恍惚的人》（恍惚の人）

《回到未来》（Back to the Future）

《回忆三部曲》（*MEMORIES*）

《彗星公主》（コメットさん）

《婚纱小天使》（ウェディングピーチ）

《活死人黎明》（*Dawn of the Dead*）

《火鸟》（火の鳥）

I

《IMAGO》（イマーゴ）

J

《JAMARU》（じゃマール）

《JOJO 的奇妙冒险》（ジョジョの奇妙な冒険）

《JoJo6045》（*JoJo6045*）

《机动警察》（機動警察パトレイバー）

《机动警察 2》（機動警察パトレイバー 2）

《机动新世纪高达》（機動新世紀ガンダム）

《机动新世纪高达 X》（機動新世紀ガンダム X）

《机动战舰》（機動戦艦ナデシコ）

《机动战士高达》（機動戦士ガンダム）

《机械动物》（メカニカル・アニマルズ）

《机械复制时代的艺术作品》（*The Work of Art in The Age of Mechanical Reproduction*）

《机械女神 J》（セイバーマリオネット）

《机械战警》（*RoboCop*）

《极黑之翼》（レムネアの伝説）

《寄生前夜》（パラサイト・イヴ）

《寄生兽》（寄生獣）

《矶野家之谜》（磯野家の謎）

《家有仙妻》（奥様は魔女）

《加美拉 2》（ガメラ 2）

《加美拉 vs 加奥斯》（大怪獣空中戦 ガメラ対ギャオス）

《加美拉：大怪兽空中大决战》（ガメラ 大怪獣空中決戦）

《加州旅馆》（*Hotel California*）

《假面骑士》（仮面ライダー）

战斗美少女的精神分析

《假面忍者·赤影》(仮面の忍者 赤影)

《剪刀手爱德华》(Edward Scissorhands)

《娇娃夏生的危机》(なつきクライシス)

《教父》(The Godfather)

《教父2》(The Godfather: Part II)

《街头霸王》(ストリートファイター)

《街头霸王2》(ストリートファイターⅡ)

《杰克奥特曼》(帰ってきたウルトラマン)

《结构与力》(構造と力)

《解离的流行技术》(解離のポップ·スキル)

《金刚大战哥斯拉》(キングコング対ゴジラ)

《金属战斗者美克》(メタルファイター MIKU)

《禁止堕胎法案》(中絶禁止法)

《禁止热情》(サイバレラ)

《惊讶小屋》(ビックリハウス)

《精神病人的艺术》(精神病者の造形)

《精神分裂症与人类》(分裂病と人類)

《竞猜恶魔的低语》(クイズ悪魔のささやき)

《绝对安全剃刀》(絶対安全剃刀)

《橘子酱男孩》(マーマレード·ボーイ)

《巨人之星》(巨人の星)

K

《卡拉马佐夫兄弟》(Братья Карамазовы)

《科学革命的结构》(The Structure of Scientific Revolutions)

《科学忍者队》(科学忍者隊ガッチャマン)

《壳中的小鸟》(殻の中の小鳥)

《可笑的日本"民族主义"》(嗤う日本の「ナショナリズム」)

《恐龙惑星》(恐竜惑星)

《恐龙战队兽连者》(恐竜戦隊ジュウレンジャー)

《骷髅13》(ゴルゴ13)

《酷炫的御宅天国》(イカす!おたく天国)

《快餐店之恋》(Pia キャロットへようこそ)

《宽永三马术》(寛永三馬術)

《狂人皮埃罗》(*Pierrot le fou*)

《框架依附》(フレーム憑き)

L

《La Luna》(ら・るな)

《来跳舞吧》(Shall we ダンス？)

《蓝宝石之谜》(ふしぎの海のナディア)

《蓝丝绒》(*Blue Velvet*)

《狼少年肯》(狼少年ケン)

《廊桥遗梦》(*The Bridges of Madison County*)

《浪花金融道》(ナニワ金融道)

《浪客剑心》(るろうに剣心)

《老人 Z》(老人 Z)

《雷鸟》(サンダーバード)

《镭射风暴》(レイストーム)

《镭射力量》(レイフォース)

《莉莉佳 SOS》(リリカ SOS)

《力石彻追悼集会》(力石徹追悼集会)

《恋爱世纪》(ラブジェネレーション)

《烈火战车》(*Chariots of Fire*)

《猎鹿人》(*The Deer Hunter*)

《玲音》(*Serial experiments lain*)

《玲珑三勇士》(ミクロイド S)

《流星人类 ZONE》(流星人間ゾーン)

《六号特殊犯人》(*The Prisoner*)

《龙猫》(となりのトトロ)

《龙威小子》(カラテ・キッド)

《龙与地下城》(*Dungeons & Dragons*)

《龙争虎斗》(*Enter the Dragon*)

《龙珠》(ドラゴンボール/DRAGON BALL)

《鲁邦三世》(ルパン三世)

《鲁邦三世：卡里奥斯特罗之城》(ルパン三世カリオストロの城)

《乱马 ½》(乱馬 ½)

《论文字学》(*Of Grammatology*)

　　　　　　　　　　　　　　　　战斗美少女的精神分析

《螺旋式》（ねじ式）

《裸体午餐》（ *Naked Lunch* ）

《落水狗》（ *Reservoir Dogs* ）

《洛奇》（ *Rocky* ）

M

《MEN'S NON-NO》（メンズノンノ）

《玛卡罗尼菠菜庄》（マカロニほうれん荘）

《马克思，其可能性的中心》（マルクスその可能性の中心）

《卖花女》（ピグマリオン）

《漫画 Burikko》（漫画ブリッコ）

《漫画的阅读方法》（マンガの読み方）

《漫画日本经济入门》（マンガ日本経済入門）

《鳗鱼》（うなぎ）

《猫・狐・警探》（はいぱーぽりす）

《猫女》（キャットウーマン）

《猫眼女枪手》（ガンスミスキャッツ）

《猫眼三姐妹》（キャッツアイ）

《冒险伽波天岛》（冒険ガボテン島）

《美国风情画》（ *American Graffiti* ）

《美少女假面》（美少女仮面ポワトリン）

《美少女梦工厂》（プリンセスメーカー）

《美少女战士 R》（セーラームーン R）

《美少女战士 S》（セーラームーン S）

《美少女战士》（セーラームーン）

《美少女战士之最后的星光》（美少女戦士セーラームーン　セーラー
　　スターズ）

《美味大挑战》（美味しんぼ）

《梦幻成真》（ *Field of Dreams* ）

《梦幻侦探》（まぼろし探偵）

《梦猎人丽梦》（ドリームハンター麗夢）

《秘密战队五连者》（秘密戦隊ゴレンジャー）

《绵之国星》（绵の国星）

《妙趣小飞仙》（ななこ SOS）

《妙想天开》(*Brazil*)

《明日之丈》(あしたのジョー)

《名侦探柯南》(名探偵コナン)

《命名与偶然性》(*Naming and Necessity*)

《命运之夜》(*Fate/stay night*)

《蘑菇人玛坦戈》(マタンゴ)

《摩斯拉》(モスラ)

《魔法骑士》(魔法騎士レイアース)

《魔法少女砂沙美》(プリティサミー)

《魔法使俱乐部》(魔法使い Tai！)

《魔法使莎莉》(魔法使いサリー)

《魔法天使》(魔法の天使クリィミーマミ)

《魔法阵都市》(サイレントメビウス)

《魔卡少女樱》(カードキャプターさくら)

《魔力女战士》(イーオン・フラックス)

《魔女嘉莉》(*Carrie*)

《魔女宅急便》(魔女の宅急便)

《魔女之刃》(ウイッチブレンド)

《魔神 Z》(マジンガー Z)

《魔神 Z 对暗黑大将军》(マジンガー Z 対暗黒大将軍)

《魔神坛斗士》(鎧伝サムライトゥルーパー)

《魔太郎来了!!》(魔太郎がくる!!)

《魔投手》(侍ジャイアンツ)

《魔物猎人妖子》(魔物ハンター妖子)

《末代皇帝》(*The Last Emperor*)

《末路狂花》(*The lma & Louise*)

N

《Newtype》(*Newtype*)

《哪吒闹海》(ナージャー海を騒がす)

《男女 7 人夏物语》(男女 7 人夏物語)

《男一匹小鬼大将》(男一匹ガキ大将)

《男组》(男組)

《脑内革命》(脳内革命)

　　　　　　　　　　　　战斗美少女的精神分析

《尼基塔》(*Nikita*)

《怒海沉尸》(*Plein soleil*)

《女棒甲子园》(プリンセスナイン)

《女超人》(スーパーガール)

《女番长》(女番長)

《女浩克》(シーハルク)

《女机器战警》(女バトルコップ)

《女王之箭》(*Arrows of the Queen*)

《女学生之友》(女学生の友)

《挪威的森林》(ノルウェイの森)

《诺拉》(*NORA*)

O

《OUT》(*OUT*)

《欧尼亚米斯之翼》(オネアミスの翼)

P

《POP CHASER》(*POP CHASER*)

《POPEYE》(ポパイ)

《排球女将》(アタック No.1)

《泡泡糖危机》(バブルガム・クライシス)

《喷射少年》(少年ジエット)

《批评空间》(批評空間)

《漂流教室》(漂流教室)

《苹果核战记》(アップルシード)

《平凡 Punch》(平凡パンチ)

《平行少女库琳》(クルクルくりん)

《婆娑罗》(*BASARA*)

《破廉耻学园》(ハレンチ学園)

Q

《七金刚》(ワイルド 7)

《七色假面》(七色仮面)

《奇爱博士》(*Dr. Strangelove or: How I Learned to Stop Worrying and*

Love the Bomb）

《气体人第一号》（ガス人間第1号）

《千眼老师》（千の目先生）

《前进，神军！》（ゆきゆきて、神軍）

《前进吧！海盗队》（すすめ!!パイレーツ）

《钦酱广播》（欽ちゃんのドンとやってみよう！）

《青春火花》（サインはV！）

《轻井泽综合症》（軽井沢シンドローム）

《秋叶原电脑组》（アキハバラ電脳組）

《驱魔人》（*The Exorcist*）

《趣都的诞生："萌"的都市秋叶原》（趣都の誕生：萌える都市アキハバラ）

《去吧！稻中桌球社》（行け！稲中卓球部）

《全面回忆》（*Total Recall*）

R

《ROCKIN' ON》（ロッキング・オン）

《热海杀人事件》（熱海殺人事件）

《热血之路》（ホットロード）

《人猿星球》（*Planet of the Apes*）

《人造人奇凯达》（人造人間キカイダー）

《日本可以说不》（「NO」と言える日本）

《日本列岛改造论》（日本列島改造論）

《日本人与犹太人》（*The Japanese and the Jews*）

《溶岩大使》（マグマ大使）

《柔道少女》（*YAWARA！*）

《柔道一直线》（柔道一直線）

《乳霜柠檬》（くりぃむレモン）

S

《Santa Fe》（サンタフェ）

《Studio Voice》（スタジオボイス）

《塞纳河之星》（ラ・セーヌの星）

《赛博格009》（サイボーグ009）

《赛文奥特曼》（ウルトラセブン）

《三大怪兽 地球最大决战》（三大怪獣 地球最大の決戦）

《三只眼》（３ x ３EYES）

《森林大帝》（ジャングル大帝）

《少年 Champion》（少年チャンピオン）

《少年 JUMP》（少年ジャンプ）

《少年 Magazine》（少年マガジン）

《少年星期天》（少年サンデー）

《少年侦探团》（少年探偵団）

《少女革命》（少女革命ウテナ）

《少女杀手阿墨》（あずみ）

《摄影小史》（*A History of Photography*）

《深渊》（*The Abyss*）

《神经漫游者》（*Neuromancer*）

《神奇的艾琳》（ゴージャス☆アイリン）

《神奇女侠》（ワンダーウーマン）

《神奇双子》（ワンダー・ツインズ）

《神奇糖》（ふしぎなメルモ）

《神奇小丫头》（さるとびエッちゃん）

《生死时速》（*Speed*）

《胜利投手》（勝利投手）

《圣斗士星矢》（聖闘士星矢）

《圣女贞德》（ジャンヌ・ダルク）

《圣天空战记》（天空のエスカフローネ）

《失落的宇宙》（ロスト・ユニバース）

《狮子王》（*The Lion King*）

《时间飞船》（タイムボカン）

《时间简史》（*A Brief History of Time*）

《史酷比狗》（スクービー・ドゥー）

《世界尽头与冷酷仙境》（世界の終りとハードボイルド・ワンダーランド）

《侍魂》（サムライスピリッツ）

《手・冢・已・死》（テヅカ・イズ・デッド）

《手势》（ジェスチャー）

《守财奴》（銭ゲバ）

《守护天使莉莉佳》（ナースエンジェルりりか SOS）

《守护我的地球》(ぼくの地球を守って)

《守护月天》(まもって守護月天！)

《寿歌》(寿歌)

《狩猎少年》(少年狩り)

《双峰镇》(*Twin Peaks*)

《双面麦斯》(*Max Headroom*)

《水手服与机关枪》(セーラー服と機関銃)

《斯达拉曲》(スーダラ節)

《死》(Shi)

《死亡女神》(レディデス)

《四驱兄弟》(爆走兄弟)

《四驱兄弟：疾速奔跑！》(爆走兄弟レッツ&ゴー！)

《苏菲的世界》(*Sophie's World*)

《随心所欲》(*Vivre sa vie: Film en douze tableaux*)

T

《To heart》(*To Heart*)

《泰坦尼克号》(*Titanic*)

《太空侵略者》(スペースインベーダー)

《太空英雄芭芭丽娜》(バーバレラ)

《太阳王子霍尔斯的大冒险》(太陽の王子ホルスの大冒険)

《坦克女郎》(タンクガール)

《讨论到天亮》(朝まで生テレビ！)

《天才电视君》(天才テレビくん)

《天才傻瓜》(天才バカボン)

《天地无用》(天地無用！)

《天地无用·魉皇鬼》(天地無用！魉皇鬼)

《天界小神仙》(おちゃめ神物語コロコロポロン)

《天空之城》(天空の城ラピュタ)

《天使的心肠》(天使のはたわら)

《天使之卵》(天使のたまご)

《甜蜜小天使》(ひみつのアッコちゃん)

《甜甜仙子》(魔法のプリンセス ミンキーモモ/ミンキーモモ)

《甜心战士F》(キューティーハニーF)

《甜心战士》(キューティーハニー)

《铁板阵》(ゼビウス)

《铁臂阿童木》(鉄腕アトム)

《铁甲人》(ジャイアントロボ)

《铁甲无敌玛利亚》(ロボフォース 鉄甲無敵マリア)

《铁架无敌玛利亚》(ロボフォース 鋼鉄無敵マリヤ)

《铁人 28 号》(鉄人 28 号)

《铁人料理》(料理の鉄人)

《铁腕巴迪》(鉄腕バーディー)

《停止！！云雀君！》(ストップ！！ひばりくん)

《通宵日本》(オールナイトニッポン)

《桐人传奇》(きりひと讃歌)

《同一性》(*Identity*)

《童梦》(童夢)

U

《UFO 魔神古兰戴萨》(ゴルドラック)

《UGO UGO LHUGA》(ウゴウゴルーガ)

V

《V·马东娜学院大战争》(V·マドンナ大戦争)

《VR 战士》(バーチャファイター)

《VR 战士 2》(バーチャファイター 2)

W

《W3》(*W3*)

《Wonderland（宝岛）》(ワンダーランド（宝岛))

《外来者们》(アウトランダーズ)

《玩具总动员》(トイ・ストーリー)

《完全自杀手册》(完全自殺マニュアル)

《晚霞猫咪》(夕やけニャンニャン)

《万能杰克号》(マイティジャック)

《万能文化猫娘》(万能文化猫娘)

《王立宇宙军：欧尼亚米斯之翼》(王立宇宙軍オネアミスの翼)

《网球甜心》(エースをねらえ！)

《网状言论 F 改》(網状言論 F 改)

《危情十日》(ミザリー)

《危险的故事》(危険な話)

《危险女孩》(デンジャーガール)

《围绕〈战斗美少女的精神分析〉的网状书评》(『戦闘美少女の精神
　　分析』をめぐる網状書評)

《未成年》(未成年)

《未来少年柯南》(未来少年コナン)

《文化人类噱头》(文化人類ぎゃぐ)

《文集》(Ecrits)

《文脉病：拉康、柏格森、马图拉纳》(文脈病：ラカン / ベイトソン
　　 / マトゥラ - ナ)

《文学部唯野教授》(文学部唯野教授)

《我的女神》(ああっ女神さまっ)

《我的天空》(俺の空)

《我的一生》(The History of My Life)

《我们诙谐一族》(オレたちひょうきん族)

《我心狂野》(Wild at Heart)

《巫术》(Wizardry)

《无敌超人扎博特 3》(無敵超人ザンボット 3)

《无家的孩子》(家なき子)

《无能的人》(無能の人)

《无限地带 23》(メガゾーン 23)

《无限近似于透明的蓝》(限りなく透明に近いブルー)

《午夜守门人》(Portiere di Notte)

《物质与记忆》(Matter and Memory)

X

《X 一代》(Generation X)

《X 战警》(X—MEN)

《西藏的莫扎特》(チベットのモーツアルト)

《西区故事》(West Side Story)

《西游记》(西遊記)

《吸血鬼猎人 D》(ヴァンパイア・ハンター D)

《吸血鬼猎人巴菲》(バフィー 恋する十字架)

《吸血姬美夕》(吸血姫美夕)

《喜欢！喜欢！！魔女老师》(好き！すき！！魔女先生)

《现代的冷却》(モダンのクールダゥン)

《现代启示录》(*Apocalypse Now*)

《现代思想》(現代思想)

《现视研 (1)~(7)》[げんしけん (1) ~ (7)]

《相聚一刻》(めぞん一刻)

《橡皮头》(*Eraserhead*)

《逍遥骑士》(*Easy Rider*)

《小超人帕门》(パーマン)

《小飞龙》(海のトリトン)

《小鬼 Q 太郎》(オバケの Q 太郎)

《小鬼刑事》(がきデカ)

《小黑人桑波》(*The Story of Little Black Sambo*)

《小红帽恰恰》(赤ずきんチャチャ)

《小精灵》(*Gremlins*)

《小麻烦千惠》(じゃりン子チエ)

《小魔女 DoReMi》(おジャ魔女どれみ)

《小甜甜》(キャンディ・キャンディ)

《笑一笑又何妨》(笑っていいとも)

《笑园漫画大王 (1)~(4)》[あずまんが大王（1）~（4）]

《辛德勒名单》(*Schindler's List*)

《新机动战记高达 W》(新機動戦記ガンダム W)

《新世纪福音战士 Air/ 真心为你》(新世紀エヴァンゲリオン Air/ まごころを、君に)

《新世纪福音战士 死与新生》(新世紀エヴァンゲリオン ~シト、新生)

《新世纪福音战士》(新世紀エヴァンゲリオン)

《新闻站》(ニュースステーション)

《心灵生态学导论》(*Steps to an Ecology of Mind*)

《心跳回忆》(ときめきメモリアル)

《星际迷航》(スタートレック)

《星球大战 2：帝国反击战》(*Star Wars: Episode V - The Empire Strikes Back*)

《星球大战 3：绝地归来》(*Star Wars: Episode VI - Return of the Jedi*)

《星球大战》(スターウォーズ)

《凶暴的男人》(その男、凶暴につき)

《凶兆》(*The Omen*)

《秀逗魔导士 NEXT》(スレイヤーズ NEXT)

《秀逗魔导士》(スレイヤーズ)

《虚拟现实批评》(仮想現実批評)

《虚荣讲座》(見栄講座)

《虚月童子》(うろつき童子)

《学校的阶梯》(学校の階段)

《穴光假面》(けっこう仮面)

《血不倒翁剑法》(血だるま剣法)

Y

《YAT 安心！宇宙旅行》(YAT 安心! 宇宙旅行)

《Young Jump》(ヤングジャンプ)

《Young Magazine》(ャングマガジン)

《言出必行三姐妹》(有言実行三姉妹シュシュトリアン)

《炎之转校生》(炎の転校生)

《燕尾蝶》(スワロウテイル)

《仰望夜空的星辰》(見上げてごらん夜の星を)

《窈窕淑女》(マイフェア・レディ)

《野蛮人柯南》(コナン)

《野心国度》(野望の王国)

《野战排》(*Platoon*)

《一根棒》(棒がいっぽん)

《一碗清汤荞麦面》(一杯のかけそば)

《一直喜欢你》(ずっとあなたが好きだった)

《依恋的结构》(「甘え」の構造)

《伊贺影丸》(伊賀の影丸)

《伊利亚：杰拉姆》(ゼイラム)

《异形》(エイリアン)

《异形 2》(エイリアン 2)

《银河公主传说优奈》（銀河お嬢様伝説ユナ）

《银河女警花》（ダーティペア）

《银河女战士》（ガルフォース）

《银河铁道999》（銀河鉄道999）

《银色假面》（シルバー仮面）

《银翼杀手》（*Blade Runner*）

《淫兽学园》（*La Blue Girl*）

《樱花大战》（サクラ大戦）

《樱桃小丸子》（ちびまる子ちゃん）

《萤火虫之墓》(火垂るの墓）

《永远的仔》（永遠の仔）

《勇者斗恶龙》（ドラゴンクエスト）

《勇者斗恶龙3》（ドラゴンクエスト III）

《勇者斗恶龙5》（ドラゴンクエスト IV ）

《勇者雷登》（超者ライディーン）

《勇者王》（ガオガイガー）

《幽灵公主》（もののけ姫）

《幽游白书》（幽☆遊☆白書）

《悠长假期》（ロングバケーション）

《尤利西斯》（ユリシーズ）（レムネアの伝説）

《游吧！鲷鱼烧君》（およげ！たいやきくん）

《与狼共舞》（*Dances with Wolves*）

《宇宙少年索兰》（宇宙少年ソラン）

《宇宙刑事夏伊达》（宇宙刑事シャイダー）

《宇宙战舰大和号》（宇宙戦艦ヤマト）

《御宅：人格＝空间＝都市 第九届威尼斯国际建筑双年展——日本馆
　　附有展出人形的目录》おたく：人格＝空間＝都市 ヴェネチア·ビ
　　エンナーレ第9回国際建築展—日本館 出展フィギュア付きカタ
　　ログ）

《御宅的个人房间》（おたくの個室）

《御宅的录像带》（おたくのビデオ）

《御宅论》（電子メディア論）

《御宅学入门》（オタク学入門）

《月刊漫画GARO》（月刊マンガガロ）

《月刊少年 Ace》（月刊少年エース）

《月刊少年 GANGAN》（月刊少年ガンガン）

Z

《再见，流氓们》（さようなら、ギャングたち）

《再见了，宇宙战舰大和号》（さらば宇宙戦艦ヤマト）

《再生侠》（スポーン）

《再造人卡辛》（新造人間キャシャーン）

《战斗美少女的精神分析》（戦闘美少女の精神分析）

《战神》（バトルチェイサー）

《战士公主西娜》（プリンセス戦士シーナ）

《战争论》（戦争論）

《这个杀手不太冷》（レオン）

《拯救大兵瑞恩》（*Saving Private Ryan*）

《蜘蛛侠》（スパイダーマン）

《致命的快感》（*The Quick and the Dead*）

《终结者》（*The Terminator*）

《终结者 2》（*Terminator 2*）

《重金属》（ヘヴィーメタル）

《周刊玛格丽特》（週刊マーガレット）

《周刊少年 JUMP》（週刊少年ジャンプ）

《周刊少年 King》（週刊少年キング）

《周刊少女 Friend》（週刊少女フレンド）

《自虐之诗》（自虐の詩）

《总觉得很水晶》（なんとなく、クリスタル）

《总务二科》（ショムニ）

《足球小将》（キャプテン翼）

《最后期限》（デッドライン）

《最终幻想》（ファイナルファンタジー！）

《最终幻想 3》（ファイナルファンタジーⅢ）

《最终幻想 5》（ファイナルファンタジーⅣ）

《佐助》（サスケ）

《侏罗纪公园》（*Jurassic Park*）

望 MOUNTAIN
登自己的山

主　　编｜谭宇墨凡
策划编辑｜李　珂

营销总监｜张　延
营销编辑｜狄洋意　　许芸茹　　韩彤彤　　张　璐

版权联络｜rights@chihpub.com.cn
品牌合作｜zy@chihpub.com.cn
出版合作｜tanyumofan@chihpub.com.cn

野望
SPRING
MOUN TAIN 望

Room 216, 2nd Floor, Building 1, Yard 31,
Guangqu Road, Chaoyang, Beijing, China